ソフトウェア工学から学ぶ

機械学習の品質問題

中島震 著

丸善出版

まえがき

21世紀のソフトウェア素養　21世紀になりソフトウェア技術を活用するデジタル化が関心を集めています. 情報と通信の技術（Information and Communication Technologies）を基盤として, 人工知能（Artificial Intelligence, AI）が, 私たちの身の回り, ビジネスの世界に質的な転換をもたらすと云われます. 北米, 欧州, 中国など, 各国の動きと共に, 2019年にOECDがレポート『社会の中の人工知能』[1]を公表するなど, 技術の枠を越えて, AI・機械学習が注目されています.

　このような状況から, ソフトウェア教育の新しいカリキュラムが求められています. コンピュータ流の思考法（Computational Thinking）が現代人の基本的な素養であると指摘されました[2]. また, コンピュータ科学（CS）を専攻しない（non-CS）学生向けカリキュラムに目が向けられ, ソフトウェア工学の役割が大きくなりました[3]. さらにAIが広まると共に, ソフトウェア工学と機械学習の結びつきが強くなります. アメリカ国立科学財団（National Science Foundation, NSF）は $CS + X$ 等と呼ばれるカリキュラム策定活動を支援しています. 学生は, 自身の専門分野 X と共に, ソフトウェア工学の基礎を学びます.

ソフトウェア品質の重要さ　本書の話題, 機械学習ソフトウェアの品質問題, に関心を持つきっかけは「どのようにして機械学習プログラムをデバッグするのだろうか」という素朴な疑問でした. アルファ碁（AlphaGo）がTVニュースや一般紙で話題になった2015年のことです.

　機械学習ソフトウェアは入力データの予測・推論結果を返します. その計算結果をもとに自動運転や医療診断といった高度な機能を実現します.「予測・推論プログラムに欠陥・バグがあったら困るだろう」と考えました. 周りの人々の反

---

[1] OECD: *Artificial Intelligence in Society*, OECD Publishing 2019.

[2] J. Wing: Computational Thinking, *Comm. ACM*, 49(3), pp.33-35, 2006.

[3] C. Scaffidi, M. Shaw, and B. Myers: Estimating the numbers of end users and end user programmers, In *Proc. VL/HCC'05*, pp.207-214, 2005.

応は「人間に比べて事故や誤診断が少なければ良いので，バグという見方は機械学習には当てはまらない」というものでした．

　碁や将棋あるいはボードゲームなら欠陥があっても，ゲームに負けるだけです．仮に，自動運転の車が事故を起こしたら，どうなるでしょう．「人が運転するより事故確率が小さければ良い」のでしょうか．事故原因を調べる過程で，ソフトウェアとしての自動運転システムに欠陥があるとわかっても，「事故確率が小さければ良い」のでしょうか．事故に巻き込まれた被害者にとっては確率の話ではないです．

　そんなことを考えていた頃，ベトナムからやってきた国際インターンシップ学生さんの課題として，サポート・ベクトル・マシン（SVM）のプログラムを対象としたデバッグ・テスティングの実験を行うことにしました．学生さんに簡単なSVMプログラムを作成してもらい，このプログラムをデバッグする方法を考えましょう，ということです．

　SVMは教師あり分類学習の方法です．簡単なデータセットやインターネットから入手したベンチマーク用のデータセットを入力すると，特に不具合なく作動しました．ところが，私たちが考えた方法（4.3節）で検査すると，数値計算誤差の取り扱いに欠陥があることがわかりました．「欠陥は取り除きたい」と思いませんか．

　その後，データセット多様性に基づく品質検査というテーマで公的な競争的研究費を得て，ニューラル・ネットワーク（NN）の訓練・学習プログラムを検査する方法に研究を広げました．NNの訓練・学習プログラムに欠陥があると，その結果得られる予測・推論プログラムは好ましくない振舞いを示します．訓練時に考えていなかった未知データが入力されると，予測・推論の確からしさが悪化するという現象です．この欠陥によって期待通りの機能を果たせないかもしれません．機械学習といってもソフトウェアです．プログラムのデバッグは必須ですし，品質向上の努力を疎かにできません．

ソフトウェア実験の重要さ

　本書は，機械学習ソフトウェアの品質問題を議論するのですが，検査ノウハウを解説する技術書ではありません．品質問題とは何か，について，全体の流れ・ストーリーを重視しました．一方で，例え話や直感的な図表によるエッセイではないです．図やグラフもわかりやすいのですが，数式による厳密な表現との関係

を理解することが大切です．数式への抵抗感が強いかもしれませんが，数式を用いることで，内容を曖昧さなく説明できます．

本書には，もうひとつ，実験を重視する，という特徴があります．私が専門とするソフトウェア工学は，記号主義・演繹的な方法で，数理論理学が基本です．開発ソフトウェアの要求仕様や設計仕様を曖昧さなく厳密に表現し，期待する品質のソフトウェア開発を行う技術の体系です．そして，開発成果物のプログラムを作動させれば，不具合があるか否かが判断できます．また，リファインメント・モデリングという方法[4]では，出発点の仕様に不具合がなければ，欠陥のないプログラムを系統的に構築できます．演繹的な方法によると，客観的に正しい手順にしたがうことで欠陥がないことを保証できるのです．

機械学習の技術は具体的なデータから出発する帰納的な方法です．統計学の世界に「garbage in, garbage out」という有名な言葉あり，適切なデータを用いなければ質の高い結果を得られないことを意味します．統計的な方法はデータを数学的に取り扱いますから，その方法自身は客観的です．でも，得られる結果が，常に客観的という保証は何もありません．何らかの意図を持って恣意的なデータを集めてくれば，当たり前のように偏向した結論が出ます．結論を眺めていても，データの集め方が運用の誤りなのか，悪意によるのかを知ることは困難です．「担当者のミスでした」と言い訳されて終わりかもしれません．作業を担当した機関・人たちへの信頼があるかどうか，です．

この統計学の基本的な特徴は，機械学習でも見られます．基本的な仕組みが妥当でも，その客観的な方法を使って，恣意的な結果を導くことができます．とはいっても，どのような偏りが，どのような結果を導くかは明らかではありません．具体的なデータを用いた実験が必須です．そして，データに依存すること，実験を通して確認することが，ソフトウェア工学の方法を機械学習に応用する際に遭遇する難しさです．

本書の構成　本書は全7章からなります．ソフトウェア工学ならびに機械学習といった技術寄りの話題に加えて，新しい技術を現実社会に役立たせるイノベーションの視点から機械学習ソフトウェア開発ビジネスの取り決めなどを論じます．これらは互いに関係しますが，第1章と第7章は主としてイノベーショ

---

[4] 中島震，來間啓伸: Event-B:リファインメント・モデリングに基づく形式手法, 近代科学社 2015.

ンの分野からの議論，第2章と第6章は機械学習に関連した背景知識，第3章
はソフトウェア工学の背景知識で，第4章と第5章が本書の中心テーマ，機械
学習ソフトウェアの品質についてです．

　本書は，機械学習ソフトウェア開発の技術ノウハウを解説するものではあり
ません．機械学習の技術的な側面については，多くの良書が既に出版されていま
す．巻末の参考文献を参照して下さい．なお，本書が主として考察する対象は，
ニューラル・ネットワークによる教師あり分類学習です．

第1章　データ利活用の時代

　データに注目するようになった背景を紹介します．また，第2章への序
として，従来のプログラム開発方法と実験科学でおこなわれるデータ解析の
方法を紹介します．

第2章　機械学習ソフトウェアとその品質

　教師あり分類学習の基本的な問題設定を説明します．また，機械学習ソフ
トウェア品質の考え方を，従来のソフトウェア工学で論じられてきた品質特
性との比較によって整理します．

第3章　ソフトウェア・テスティングの方法

　プログラム検査の基本的な方法を紹介し，機械学習ソフトウェアの標準的
な検査法になっているメタモルフィック・テスティング法を詳しく説明しま
す．統計的な検査の方法を含めて，ソフトウェア・テスティングの標準的な
技術書・教科書が扱わないトピックスですが，機械学習の品質問題では必須
の事柄です．

第4章　データセット多様性

　機械学習ソフトウェアの品質はデータセットに依存します．一方で，デー
タセットの品質を考えることは難しく，その理由を説明します．機械学習ソ
フトウェアの検査を目的に導入したデータセット多様性という考え方を紹介
します．

第5章　深層ニューラル・ネットワーク検査の実際

　深層ニューラル・ネットワークのソフトウェア検査手法の実際例を紹介し
ます．第3章のメタモルフィック・テスティングならびに第4章のデータ
セット多様性の具体的な適用事例です．

第 6 章　品質からみた敵対データ

　機械学習ソフトウェア品質の観点から敵対データを考察します．運用時に大きな問題になることから，現象ならびに現時点の技術的な限界を知っておくことが大切です．最新の学術研究成果に基づくもので，機械学習の標準的な技術書・教科書が扱わない内容です．

第 7 章　機械学習ビジネス・エコシステム

　機械学習ソフトウェア・システム開発業務の流れと開発業務の取り決めなどビジネスを円滑に進める際の課題を整理します．また，機械学習ソフトウェアの特徴を活かす価値共創という見方を紹介します．

第 2 章，第 5 章，第 6 章は数式を多く使いますので，数式に慣れていないと，読み進めにくいと感じるかもしれません．数式の意味を説明してあります．あまり気にせずに全体のストーリーを理解して頂けると幸いです．

謝辞　研究を進める過程で，国立研究開発法人 産業技術総合研究所（AIST）サイバーフィジカルセキュリティ研究センターならびに人工知能研究センターの研究開発プロジェクトに参加することになりました．国立研究開発法人新エネルギー・産業技術総合開発機構（NEDO）の AIST への委託業務です．同プロジェクト AI 品質マネジメント検討委員会委員の皆様，特に，AIST の妹尾義樹氏，大岩寛氏，磯部祥尚氏との議論は，第 2 章・第 6 章・第 7 章をまとめる際に参考になりました．

　イノベーションやビジネスの面から議論した第 1 章・第 7 章は，東京大学政策ビジョン研究センター 小川紘一先生の第 3 次経済革命研究会での議論，特に，東洋大学 高梨千賀子先生，北陸先端科学技術大学院大学 内平直志先生との議論が参考になりました．また，ソフトウェア工学についての第 3 章は，株式会社日立製作所 横浜研究所の來間啓伸氏との議論が参考になりました．

　最後になりますが，アイティスミスの今井克則氏は実験を担当して下さいました．実験を重要視するという本書の本質的な部分への貢献です．

　以上，簡単ではありますが，皆様に感謝致します．

2020 年秋　在宅勤務が続く日々

中島　震

目　　次

第 1 章　データ利活用の時代　　　　　　　　　　　　　　　　　1
　1.1　ソフトウェアによるイノベーション　………………………　1
　1.2　プログラム開発の方法　……………………………………　5
　1.3　実験データ解析の方法　……………………………………　10

第 2 章　機械学習ソフトウェアとその品質　　　　　　　　　　　19
　2.1　機械学習の仕組み　…………………………………………　19
　2.2　品質の観点　…………………………………………………　29
　2.3　品質の劣化　…………………………………………………　34
　2.4　繰り返し型開発　……………………………………………　41
　2.5　特徴のまとめ　………………………………………………　45

第 3 章　ソフトウェア・テスティングの方法　　　　　　　　　　51
　3.1　テスティングの基本　………………………………………　51
　3.2　メタモルフィック・テスティング　………………………　64
　3.3　統計的なテスティング　……………………………………　70

第 4 章　データセット多様性　　　　　　　　　　　　　　　　　81
　4.1　データセット品質定義の難しさ　…………………………　81
　4.2　データの利用時品質　………………………………………　88
　4.3　分類学習のメタモルフィック・テスティング　…………　91
　4.4　ニューラル・ネットワークの訓練・学習　………………　99

第 5 章　深層ニューラル・ネットワーク検査の実際　　　　　　　103
　5.1　利用時品質の検査　…………………………………………　103

5.2　検査の網羅性基準 ……………………………………………… 112

5.3　欠陥と歪み ………………………………………………………… 116

5.4　訓練・学習プログラムの検査 ………………………………… 123

第 6 章　品質からみた敵対データ　129

6.1　フェイクと予測誤り …………………………………………… 129

6.2　敵対データと敵対ロバスト性 ………………………………… 130

6.3　防御と検知 ………………………………………………………… 137

第 7 章　機械学習ビジネス・エコシステム　147

7.1　機械学習ソフトウェアの開発業務 …………………………… 147

7.2　機械学習ビジネス・プラットフォーム ……………………… 160

あとがき　173

参考文献　175

索　　引　177

第1章　データ利活用の時代

データ利活用を支えるソフトウェア技術の基本的な考え方を見ていきます.

1.1　ソフトウェアによるイノベーション

コンピュータはデータ処理マシンです. この「データ」と, 今, 話題になっている「データ」は, 何が違うのでしょうか.

1.1.1　人工知能・AI

CT 画像をもとにした医療診断支援, 運転手のいない自動運転車, 買物客への商品推薦, 電子メール添付ウィルスの自動検知, など, 人工知能（Artificial Intelligence, AI）が, さまざまな用途で使われる時代[1]が到来しました. 正確には, 使われると期待される時代[2], というべきかもしれません.「AI戦略」が国家の未来をかけるイノベーション実現の切り札と考えられ, 北米, 欧州, 中国, それに日本と世界各地で, AI の社会実装に向けた取組みが始まりました. 民間企業の研究開発が中心の北米（アメリカ合衆国, カナダ）に対して, 超国家レベル（欧州）や国家プロジェクト（中国）の活動が活発化しています.

AI のはじまり　　AI のはじまりは 1956 年のことです. アメリカ合衆国のダートマス大学で開催された研究発表会で, AI という学術研究の新分野が議論されました. AI は「知的な機械, 特に, 知的なコンピュータ・プログラムの構築に

---

[1]　合原一幸（編著）:人工知能はこうして創られる, ウエッジ 2017.

[2]　OECD: *Artificial Intelligence in Society*, OECD Publishing 2019.

関わる科学と工学」で，「『知的』とは実世界でのゴール達成を目的としたコンピューティングに関わる能力のこと」でした．実世界の問題を扱うという点で，自然科学ならびに工学と同じですが，コンピュータ利用を前提とした体系確立を目指すことが特徴です．

　その後，北米でAI研究が盛んになりました．マサチューセッツ工科大学（MIT）では，「どのように考えれば良いかが難しいことは何でもAI」という立場で，さまざまな難問[3]に挑戦したそうです．そして，問題が定式化できて，解決への研究方向がわかってくると「AIの外」へ，コンピュータ科学の新しい課題として枝分かれしていきました．AIはコンピューティングに関わる「未知の課題」に挑戦することで，コンピュータ科学が対象とする問題領域のフロンティアを広げました．MITにコンピュータ科学・人工知能研究所（Computer Science and Artificial Intelligence Laboratory, CSAIL）と称する組織[4]があることからも，その基本的な思想，つまりCSとAIを総合して研究を進めるという考え方が読み取れます．

AI時代の再到来　2020年に欧州委員会（European Commission, EC）から公表されたホワイト・ペーパー[5]は，「AIは，データ，アルゴリズム，計算パワーを組み合わせたテクノロジーの集成である」としています．素朴には，ICTと略されるコンピュータ利用技術と何ら変わらないではありませんか．たしかに，先に述べたように，AIの歴史は，知的なコンピュータ・プログラムの構築技術から始まり，次から次へと難問をコンピュータ上で解いてきたわけで，ICTの高度な利用に関わります．現在が，そのような時代と違うのは，AIを説明する最初に，「データ」が登場していることかもしれません．つまり，「データの中に未知の課題を発見し，その解決手段を与えるアルゴリズムを適用し，計算パワーの利用によって現実的に答えを導き出す」と読めそうです．

　一口にAIといっても，さまざまなテクノロジー[6]があります．今は，第3期のAIブーム[7]で，深層ニューラル・ネットワーク（Deep Neural Networks,

---

[3]　P.H. Winston and R.H. Brown (eds.): *Artificial Intelligence: An MIT Perspective*, The MIT Press, 1979.

[4]　https://www.csail.mit.edu/

[5]　On Artificial Intelligence - A European approach to excellence and trust, 19.2.2020.

[6]　馬場口登, 山田誠二: 人工知能の基礎（第2版），オーム社 2015.

[7]　中川裕志: 裏側から視るAI，近代科学社 2019.

DNN)[8]に代表される機械学習（Machine Learning)[9][10]が主流です．たしかに，DNN は膨大なデータから有用な情報を帰納的に導き出す技術で，その目的はビッグデータ分析（Bigdata Analytics)[11]と共通します．まさに，データが主役の AI です．以下では，データに関心が高まっている背景をイノベーションの観点から見ていきましょう．

1.1.2　実世界の現れとしてのデータ

　ビジネスの世界では，デジタライゼーション（Digitalization）とかデジタル・エコノミーといったキーワードが話題になっています．ここでの「デジタル」は「コンピューティング・パワーを使った膨大なデータの利活用を基盤とする」というニュアンスです[12]．先に紹介した欧州委員会ホワイト・ペーパーの AI と同じ発想です．

プラットフォーマー　デジタル・エコノミーの主役は，北米から登場したプラットフォーマーで，具体的には，GAFA と総称される 4 つの企業でしょう．GAFA は，インターネット（The Internet）が活動の場です．

　人と人をつなぐ SNS の基盤は文字データから画像やビデオまで多様なデータ（マルチメディア・データ）を蓄積します．モノの売り買いを仲介するサービスはデジタル化された両面市場（Two-sided Market）です．膨大な量の購買データや決裁データを生み出します．シェアリング・エコノミー（Sharing Economy）は遊休資源の有効利用に関わるデータをビジネスの仕組みに活用しました．このような個人と個人（C2C），企業と個人（B2C）をつなぐプラットフォームを軸としたビジネスが広がっています．

　プラットフォーマーが蓄積する膨大な個人活動のデータを分析することで，新たなビジネスを生み出す力を得るでしょう．現在，インターネット・ビッグデータの重要性が広く認識され，デジタル・エコノミーが関心を集めるようになって

---

[8]　I. Goodfellow, Y. Bengio, and A. Courville: *Deep Learning*, The MIT Press 2016.

[9]　C.M. Bishop: *Pattern Recognition and Machine Learning*, Springer-Verlag 2006.

[10]　中川裕志: 機械学習，丸善出版 2015.

[11]　A. Ng and K. Soo: *Numsense! Data Science for the Layman: No Math Added*, Brite Koncept Ltd. 2017.

[12]　高梨千賀子，福本勲，中島震（編著）: デジタル・プラットフォーム解体新書，近代科学社 2019.

います.

インダストリアル・ビッグデータ　データ源は，個人が利用するインターネットだけではありません. IoT やスマート・プロダクト[13]はインダストリアル・ビッグデータを生み出します.

　ドイツ発の Industrie4.0[14]は，IoT と AI を中心とする最新コンピュータ技術を活用して，スマート工場（Smart Factory）を実現し，製造業のデジタライゼーションを推し進める国家的なプロジェクトです. 大量のデータがスマート工場の製造工程や運用中のスマート・プロダクトから集められます. インダストリアル・ビッグデータとして分析し，新たなビジネス価値を創造する枠組みの確立を狙います.

　インダストリアル・ビッグデータの具体的な活用例として，航空機ジェット・エンジンのスマート・プロダクト化によるビジネス[15]があります. 航空機が大量にジェット燃料を消費すると，経済性に加えて環境問題への影響が大きいことから，航空機の効率的な運航技術を確立することが，実世界で達成するゴールになります. ジェット・エンジンに数千個のセンサーを取り付けて稼働状態のリアルタイム収集が可能なスマート・プロダクト化します. 取得したビッグデータをフライト・アナリティックスで分析することで最適な燃費および飛行ルートの計画を立案します. これによって，高い効率でのオペレーション実現というビジネス・ゴールが達成できるわけです.

実世界データとサイバー・フィジカル・システム　スマート・プロダクト化したジェット・エンジンとフライト・アナリティックスの組合せは，インダストリアル・ビッグデータ利活用の典型例です. 情報の流れを一般化すると次のようになるでしょう. データとして取り込まれた実世界の状況（ジェット・エンジン）がソフトウェアの世界（アナリティックス）で分析され，得られた最適な計画結果を実世界の対象（航空機）上で実現します. この情報の流れは，実世界とソフトウェアのサイバー世界をつなぐループをなすもので，サイバー・フィジカル・システム（Cyber Physical Systems, CPS）と同じ構造を持ちます.

---

13) M.E. Porter and J.E. Heppelmann: How Smart, Connected Products are Transforming Competitions, *Harvard Business Reviews*, 92(11), pp.64-88, 2014.

14) ACATECH (ed.), Recommendations for Implementing the Strategic Initiative Industrie 4.0, 2013.

15) 高梨千賀子, 福本勲, 中島震（編著）: 第 6 章, Ibid., 2019

CPS は 2006 年にアメリカの National Science Foundation（NSF）から登場した造語です．イノベーション創出にソフトウェア技術が不可欠であるという認識から，基礎的な研究と応用研究を両輪で進めることの重要性を説きました[16]．また，さまざまなビジネス分野（ビジネス・セクター）にソフトウェア技術が浸透していくとします．先に紹介した Industrie4.0 は，CPS の製造業での実現例です．

CPS が提案された初期は，装置組込み制御システムの高度なソフトウェア技術と考えられました．その後，実世界を含むループ構造を持つシステム化の方法が本質である[17]，と理解されるようになっています．当然ですが，実世界からシステムへコマンドが直接入力されることはありません．実世界の状況はデータを通してわかるだけです．つまり，CPS でも，実世界の現れとしてのデータから有用な情報を導き出す技術が大きな位置を占めます．

このように，データあるいはビッグデータを利活用することが重要課題になり，機械学習の技術が注目されるようになったといえます．

1.2 プログラム開発の方法

手書きの文書を解読するプログラムを具体例として，従来のソフトウェア開発法と機械学習ソフトウェアの違いを説明します．

1.2.1 手書き数字の認識

小さい矩形領域に書かれた手書き数字を認識する問題を考えましょう．

手書き数字の表現　ソフトウェアを開発する時，入力は何か，ソフトウェアが実現する機能は何かを整理します．今，入力が手書き数字 1 文字としましょう．図 1.1 のような数字パターン[18]は，私たちには数字に見えます．それと同じ結果を得る文字認識の機能を持ったプログラムを実現しようというわけです．良く

---

[16] J.M. Wing: Cyber-Physical Systems, *Computing Research News*, 21(1), p.4, 2009.

[17] 中島震：CPS:そのビジョンとテクノロジー，研究/技術/計画，32(3), pp.235-250, 2017.

[18] http://yann.lecun.com/exdb/mnist/

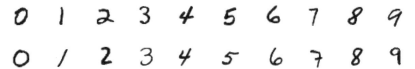

図 1.1　手書き数字

図 1.2　ピクセルの集まり

知られているように，コンピュータが取り扱うデータはデジタルです．そこで，手書き数字の入力形式をデジタル情報で与えます．

　手書き数字1文字を拡大すると，図1.2のような画素（ピクセル）の集まりです．小さい矩形領域という言い方は曖昧なので，大きさを厳密に決めて，縦28ピクセル，横28ピクセルの正方形としましょう．つまり，手書き数字1文字のシートは28×28で合計784個のピクセルで表現されます．

　手書き数字を表すインクには黒のピクセル値が対応します．インクが擦れて一部分が薄くなっているかもしれません．そこで，白か黒かではなく，中間のグレーも表現できるようにします．つまり，ピクセル値はグレー階調を表せるようにしましょう．たとえば，256通りの濃さを表現することにして，値が0の時は白，255の時は黒，その中間の1から254は黒っぽさが異なるグレーとします．256は2の8乗なので，ひとつのピクセルを8ビットで表現することです．

　このように，具体的な表現方法を決めることで，手書き数字認識の問題を明確化できます．インクで書かれてますから，数字はピクセルの集まりが表す特定のパターンとして現れます．手書き数字認識ソフトウェアの機能は，ピクセル値のパターンを読み取り，私たちが期待する数字に分類することです．

機械学習 OCR　　この問題は読み取った入力パターンを分類することです．パターン認識（Pattern Recognition）の技術として研究が進められ，さまざまな方法が考案されてきました．認識率が向上することで，実用的な OCR ソフトウェアとして使われるようになっています．これらの方法すべてが機械学習技術を

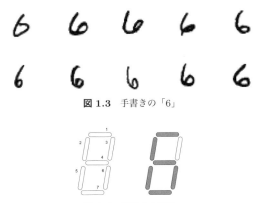

図 1.3 手書きの「6」

図 1.4 デジタル数字

応用しているわけではありません．さまざまな工夫を積み重ねて実用的なソフトウェアを開発したという歴史があります．

　最近になって，機械学習の研究成果を取り入れることで，認識精度をさらに向上できるようになりました．認識精度は，思いがけない書き方の数字が入力されても，誤った分類をしないことを表す指標です．一方で，私たちが見ても，どの数字かわからないような手書き数字もあります．なぐり書きをすると，自分でも良くわからないではありませんか．これを考慮すると，手書き数字認識は，そもそも，認識率100%を達成できない問題のようです．

1.2.2　プログラム作成の従来方法

　先に，手書き数字認識ソフトウェアの機能は，入力シートのピクセル値のパターンを読み取り，私たちが期待する数字に分類すること，と述べました．入力データの形式と出力の結果は決まりましたが，この情報だけからプログラムを作成するのは難しいです．どのようなパターンを，たとえば「6」に分類するかを決める必要があります．図1.3のように，手書き数字の「6」にも，さまざまな書き方があります．私たちが何となく「6」だなと考える，その「何となく」を厳密に決めなくてはなりません．

デジタル数字　　プログラムの作り方を説明する都合上，デジタル時計の液晶画面で良く見られるデジタル表示の数（図1.4）を考えます．このデジタル数字

図 1.5　2 通りの数字

は，7 つの断片から構成されています．図 1.4 のように断片に通し番号をつけました．この時，各数字を構成する断片の番号を用いて，数字を特定することができます．たとえば，「6」は 1・2・4・5・6・7 です．断片は 7 つあります．これらの断片で表現できるのは 2 の 7 乗の 128 通りですが，その中の 10 通りだけが数字に対応する有効な情報です．

　デジタル数字認識プログラムが入力するシートは，表している数字を構成する番号の列の情報として良いでしょう．たとえば，先の「6」だと 1・2・4・5・6・7 です．プログラムは点灯状態の断片の番号を調べることで，入力デジタル数字を認識できます．このプログラムは，同じ情報を持つシートが入力されると常に同じ認識結果を出力します．

　ここで，「1」を考えましょう．図 1.5 のようにすれば，どちらも私たちには「1」と見えます．ところが，普通のデジタル時計は図 1.5 左のように 3・6 と表示します．プログラムは決められた手順通りに処理をすすめるので，図 1.5 右の 2・5 からなる「1」を認識できないです．必要であれば，両方を「1」と認識するようにプログラムを修正しておかなくてはなりません．

1.2.3　近似関係の推定

　デジタル数字の場合は，7 つの断片の組合せとして表現された数字を認識するプログラムを作成することでした．入出力の情報を明確化し，さらに，特定の数字を認識する規則を整理することで，プログラムを作成しました．

ピクセル値のパターン　　もとの手書き数字認識の問題に戻りましょう．入力シートは 784 個のピクセルから構成され，出力はデジタル数字の場合と同様に 10 通りのどれかです．ところが，どのようなパターンを特定の数字とするかの規則が明らかではありません．図 1.3 のように，さまざまなパターンが同じ数字

「6」を表します．仮に，認識規則を作成したとしても，その規則は複雑すぎて従来の方法でプログラム作成することが困難です．

　ひとつのピクセルは 0 から 255 のどれかの値ですから，784 個のピクセルは全体として，256^{784} 通りです．単純化して，白と黒，つまり，0 と 1 の 1 ビットの情報でピクセル値を表したとしても 2^{784} 通りです．これでも非常に大きな数ですから，膨大な組合せの中から特定の数字を表すパターンを見つけなくてはなりません．加えて，図 1.3 のように，ある数字を表すパターンも膨大な数になります．場合分けのプログラム作成が，事実上，不可能です．

入出力関係　　もう少し具体化しましょう．入力シートは 784 個のピクセル値で，これを，784 個の数を並べて表現します．つまり，784 次元のベクトル表現を採用します．出力ベクトルは 10 次元で良いです．たとえば，「6」であることを，第 6 成分だけが 1 で，他は全て 0 となるような出力ベクトルにします．この時，開発したい手書き文字認識プログラムは，入力シートに分類結果を対応させる入出力関係を実現したものです．入力の 784 次元ベクトルを $\vec{x}$，出力の 10 次元ベクトルを $\vec{t}$ で表すと，求める入出力関係は $r(\vec{x}) = \vec{t}$ です．

　今，分類の正解がわかっている手書き数字を沢山集め，入力シートごとに正解値を対応させます．たとえば，図 1.1 の正解は，上段も下段も，順に「0」から「9」です．そして，手書き数字の正解がわかっていることを，ベクトルの組 $\langle \vec{x}, \vec{t} \rangle$ で表現します．

　仮に，世界中のすべての手書き数字を集めることができたとしましょう．そのようなベクトルの組は膨大な数で，事実上，無限個と考えてよさそうです．ベクトルの組の全体を表す集合 $\{ \langle \vec{x}^{(n)}, \vec{t}^{(n)} \rangle \}$ の要素，つまりベクトルの組に着目すると，$rel(\vec{x}^{(n)}) = \vec{t}^{(n)}$ の関係が成り立ちます．現実には，このような集合を得ることはできないので，理想的な入出力関係 rel をプログラム化することは不可能です．

近似的な入出力関係　　手書き数字認識の問題を，多数の正解の組を与えて，そのようなデータの集まりから，入出力関係を推定することと考えます．つまり，有限個のベクトルの組を与えて，理想的な rel を近似する入出力関係を求めるという問題です．非常に多くの正解の組を偏りなく集めれば，得られる入出力関係は rel の良い近似になると期待できます．

　このように，多数のデータの集まりから近似的な入出力関係を推定する方法

は，機械学習（Machine Learning）の一例です．手書き数字認識プログラムが
自動的に得られるので，ソフトウェア技術者が作成する必要がありません．特
に，正解の組を与えることから，教師あり機械学習（Supervised Machine
Learning）です．

　手書き数字認識は，手書き数字を表す多次元ベクトルのデータを0から9に
分類する問題でした．出力結果が離散的な値になるものを分類問題（Classifica-
tion）と呼びます．この他，入力の変化に対して出力結果が連続値をとる回帰問
題（Regression）などがあります．本書では，主として，教師あり分類学習の問
題を取り扱います．

1.3 実験データ解析の方法

　近似的な入出力関係を得る基本的な方法は，与えられたデータの集まりが暗に
含む規則を推定することです．統計的な方法と密接に関係します．

1.3.1 半減期の測定実験

　簡単な物理実験の例を使ってデータ処理で良く用いる統計的な方法を説明し
ます．学部学生の頃に行った放射線実験の例です．先生から放射性物質の入った
カプセル（線源）を渡されます．何が入っているかはわかりません．実験の課題
は，放射線を時系列で計測し，半減期から線源を推定することです．ガイガー・
カウンタで単位時間あたりに検知した放射線数をカウントします．この作業を，
延々と続けて，半減期を求めるというものです．半減期の長い線源を渡されたグ
ループは，長時間にわたって作業を続け，徹夜実験になりました．

放射性物質の半減期　　ある時点 t での原子核の個数 N は，λ を時定数として，
微分方程式

$$\frac{dN}{dt} = -\lambda N$$

にしたがいます．上式は，個数 N が単位時間あたりに変化する割合（左辺）が，
その時点の個数 N に比例して減少すること（右辺）を示します．この微分方程

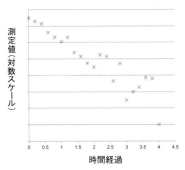

図 1.6 半減期の測定点

式の解は次の式 (1-1) です.

$$N(t) = N_0 \, exp(-\lambda t) \tag{1-1}$$

両辺の常用対数をとると 1 次式になります. $ln\ 10$ を 10 の自然対数値（2.302）として,

$$y(x) = log\ N(x), \quad b = log\ N_0, \quad a = -\lambda/ln\ 10$$

と対応つけると, 線型モデル

$$y(x) = ax + b \tag{1-2}$$

を得ます.

図 1.6 のように, 片対数方眼紙を使って, 経過時間 t_j を横軸に, 単位時間あたりの測定カウントを縦軸にプロットすれば直線になることを表します.

求めたい半減期 $T_{1/2}$ は, 初期個数 N_0 が半分になるまでの時間ですから,

$$\frac{1}{2}N_0 = N_0 \, exp(-\lambda T_{1/2})$$

両辺の自然対数をとり, 式変形すると,

$$T_{1/2} = \frac{ln\ 2}{\lambda} = \frac{0.693}{\lambda}$$

によって求まります. 片対数方眼紙上の直線の傾き a を求めれば λ が計算できるので, 半減期 $T_{1/2}$ がわかります. $T_{1/2} = -0.301/a$ です.

1.3.2　線型モデルの最小二乗法

傾き a を求めるには最小二乗法[19]を使います．N 個の測定点 $\langle x^{(j)},\ y^{(j)} \rangle$ $(j = 1, \cdots, N)$ から，線型モデル (1-2) の 2 つの未定パラメータ a と b を求める統計的な方法です．図 1.6 のように多数の測定点を得られたとします．

誤差の最小化　　時点 $x^{(j)}$ でのモデル値は式 (1-2) を使って $y(x^{(j)})$ と表せます．一方，測定値 $y^{(j)}$ は実験誤差があるので，$y(x^{(j)})$ に一致しません．測定値とモデル値の残差 $res^{(j)} = y^{(j)} - y(x^{(j)})$ に着目し，残差の二乗和の平均 S_N を求めると，次の式 (1-3) になります．

$$S_N(a,b) = \frac{1}{N}\sum_{j=1}^{N}\left(y^{(j)} - y(x^{(j)})\right)^2 = \frac{1}{N}\sum_{j=1}^{N}\left(y^{(j)} - (ax^{(j)} + b)\right)^2 \qquad (1\text{-}3)$$

この S_N を誤差関数と呼ぶことがあります．測定点を表す $\langle x^{(j)},\ y^{(j)} \rangle$ は具体的な値ですから，誤差関数 S_N は a と b を変数とする関数です．つまり，測定データが集まれば誤差関数は決まります．

最小二乗法は，$S_N(a,b)$ を最小化するように，2 つのパラメータ a と b を調整して決定する方法です．パラメータ a^* と b^* が S_N を最小化することは，

$$\langle a^*,\ b^* \rangle = \underset{a,b}{argmin}\ \frac{1}{N}\sum_{j=1}^{N}\left(y^{(j)} - (ax^{(j)} + b)\right)^2 \qquad (1\text{-}4)$$

と表せます式．ここで，$\underset{a,b}{argmin}$ という表記は，目的関数として与えた誤差関数 S_N を最小化する引数 a と b を求めることを表します．

直感的には，図 1.7 左にあるように，各 $x^{(j)}$ での残差が N 個全体としてバランスするように 2 つのパラメータを決めることです．仮に a と b の値の選び方によってモデル直線が図 1.7 右のようになったとしましょう．この時，直線グラフの位置は甚だバランスが悪いですし，残差の総和が大きくなります．つまり，この直線グラフのような a と b だと S_N は最小になりません．

誤差グラフと解　　誤差関数 $S_N(a,b)$ のグラフを描いてみましょう．この簡単な例では b を既知の定数としています．図 1.8(a) は具体的な測定データから求

---

[19] 東京大学教養学部統計学教室（編）：統計学入門，東京大学出版 1991.

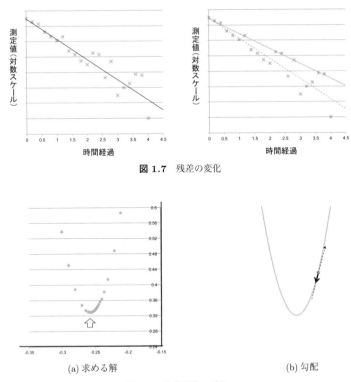

図 1.7　残差の変化

(a) 求める解　　　　　　　　(b) 勾配

図 1.8　誤差関数のグラフ

めた例です．横軸に a を取りました．縦軸は a に対する値です．誤差関数は a について 2 次式になり，グラフは下に凸の放物線です．グラフの最小点が求める a^* の値になります．左右どちらであっても，少しズレると，S_N の値が大きくなり，残差の総和が大きくなることがわかります．

　今，線型モデルを扱っているので，S_N の最小値を厳密に計算することができます．$S_N(a, b)$ は 2 変数関数で微分可能です．最小値は微係数が 0 になるところなので，$\partial S_N / \partial a = \partial S_N / \partial b = 0$ が成り立ちます．2 つの式から得られる連立方程式を解くと，次の

$$a = \frac{N\sum_{j=1}^{N} x^{(j)} y^{(j)} - \sum_{j=1}^{N} x^{(j)} \sum_{j=1}^{N} y^{(j)}}{N\sum_{j=1}^{N} \left(x^{(j)}\right)^2 - \left(\sum_{j=1}^{N} x^{(j)}\right)^2} \tag{1-5}$$

になります．この値は式 (1-4) の a^* に一致します．このようにして，N 個の測

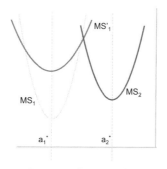

図 1.9 測定データの違い

定点から統計的な方法で線型モデルのパラメータ a の値を計算することができました．a の値がわかりましたので，ただちに，半減期を計算して，実験課題の線源が何だったのかを調べることができます．

測定結果と誤差関数グラフ　　誤差関数が図 1.8(a) の放物線となった測定データを MS_1 とします．同じ放射線線源の測定を再度行って記録したデータを MS_1' とすると，この MS_1' がつくる誤差関数のグラフは，どのようになるでしょう．線源は一緒ですから半減期は同じで放物線の最小値 a_1^* も変わらないです．他方，異なる半減期の線源を測定したデータ MS_2 の最小値 a_2^* は異なる値になります（図 1.9）．

　再び，式 (1-3) の誤差関数 S_N を思い出して下さい．関数 $S_N(a, b)$ の形は測定データで決まり，これをグラフ化したのが図 1.8(a) や図 1.9 でした．求める最小解 a^* はグラフから決まりますから，測定データに依存することは明らかです．当然のことですが，測定データに誤りがあると，求めた解が期待通りの値にならないことがわかります．

1.3.3　勾配降下法

　さて，線型モデルだと厳密解が求まるのですが，ある初期値の組 $\langle a_0, b_0 \rangle$ から出発して探索する方法で最小解を見つけることもできます．傾きが表す方向に正の微少量 η だけ進みながら S_N が最小かを調べる方法です．初期値に対する値を $K = 0$ として，次のステップを計算します．

$$a_{K+1} = a_K - \eta \left.\frac{\partial S_N}{\partial a}\right|_{a_K, b_K}, \qquad b_{K+1} = b_K - \eta \left.\frac{\partial S_N}{\partial b}\right|_{a_K, b_K}$$

この時，$S_N(a_{K+1}, b_{K+1}) < S_N(a_K, b_K)$ であれば，さらに S_N を小さくするような値の組があるかもしれませんので，このステップを繰り返します．一方，$S_N(a_{K+1}, b_{K+1}) \geq S_N(a_K, b_K)$ の場合，これ以上繰り返すと，S_N の値が大きくなります．処理を終わらせて，$a^* = a_K$，$b^* = b_K$ とします．直感的には，図1.8(b) に模式的に示したように，適当に選んだ初期値から，その点での傾きの逆向きに少しずつ進み最小値に達したと判断した時点で終了する方法です．

　これは，$S_N(a, b)$ が変数 a と b に対して微分可能であれば，線型モデルに限定しない一般的な方法です．偏微分で計算した傾きを利用することから，勾配降下法（Gradient Descent Method）と呼ばれます．蛇足ですが，線型モデルの場合，式 (1-5) のように解を求めることができるので，この勾配降下法を使う必要はありません．

1.3.4　過適合

　半減期を求める問題では，線型モデル (1-2) を使いました．式 (1-1) として表された自然法則に従うからです．つまり，物理学の知見から，この線型モデルが正しいとわかっていました．そして，この線型モデルの具体的な形がわかれば，つまり，a と b が具体的な値に確定すると，1 次式が得られます．この 1 次式が，N 個の具体的な測定点の関係をうまく説明し，さらに，測定しなかった時点での値が何になるかを予測することが可能になります．知りたい時点 x^* を決めて，$y(x^*)$ を計算すれば良いのです．

不適切なモデル式　　ここで，半減期の自然法則を知らないで，つまり，線型モデルを用いないで，単に N 個の測定点をプロットしたとしましょう．

　測定点の関係を説明するモデルは線型関係だけではありません．極端な場合，すべての点での残差が 0 になるような曲線を選べることもできます．図 1.10(a) は 5 つの測定点を通る曲線で，4 次関数（$y(x) = a_0 + a_1 x + a_2 x^2 + a_3 x^3 + a_4 x^4$）です．5 つの測定点があれば，未定だった 5 つのパラメータ a_n の値を決めることができます．しかし，この 4 次関数を使っても，知りたい時点 x^* の値 $y(x^*)$ が正しく求まるとは限りません．たぶん，正しくないですね．この関数は，5 つ

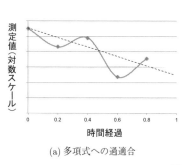

(a) 多項式への過適合

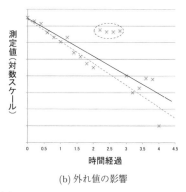

(b) 外れ値の影響

図 1.10　過適合

の測定点に対して測定結果通りの値になりますが, それ以外の時点での予測に使えません. モデルが測定点だけを「説明する」状況は過適合（Overfitting）です. 好ましくないです.

例外的な測定点　　物理学の知見から正しいと考えられる線型モデルを使ったとします. それでも, 例外的な測定点があると, 悪い影響が出ます.

測定装置が一時的に不具合を生じて, カウントが多くなったとしましょう. 図 1.10(b) では, 点線が囲んだ測定データが, 不具合に対応し, 求める線型モデルに影響します. このような測定点は, 暗に期待している値にはならないので, 外れ値（Outliers）です. 放射線の測定実験では, 半減期の自然法則という知識を使って測定データを分析するので, 何が外れ値なのかを推定することができます. この測定点を除去すれば適切な線型モデルになるでしょう. 一方, 測定点が妥当かの考察なく全てを分析に使うと, 正しい結論を導くことができません.

一般に, 統計分析するのに相応しいデータかどうかを吟味する必要があります. 「ゴミを入れると, ゴミしか出てこない（garbage-in, garbage-out）」といわれます.

モデルの自由度　　過適合は, モデルのパラメータ数（自由度）が測定点の数よりも多い時に起こる現象（図 1.10(a)）です. 1次式だとパラメータは a と b の2つですから, 測定点が2つあれば原理的に線型モデルを決定できます. たまたま外れ値を選ぶと正しくない線型モデル（図 1.10(b)）になります.

外れ値を除去するなど分析対象のデータを吟味すること, また, これらのデー

タに対するモデルの選び方は大変重要です．半減期の問題では，物理法則の知識から，自然対数をとると線型モデルになることを知っていました．ところが，どのようなモデルが妥当か明らかでないことも多いです．分析の目的に応じて，いろいろなモデルを当てはめてみる試行錯誤が必要かもしれません．

第 2 章　機械学習ソフトウェアと
その品質

　機械学習ソフトウェアの実体は数値計算のプログラムです．深層ニューラル・ネットワークを通して，その特徴を見ていきましょう．

2.1　機械学習の仕組み

　手書き数字認識の問題を第 1 章で紹介しました．本書で議論する深層ニューラル・ネットワーク（DNN）の簡単な例です．この教師あり分類学習を具体例として機械学習の仕組みを説明します．DNN といえどもソフトウェアです．最初に，コンピューティング科学の歴史を振り返ります．

2.1.1　コンピューティングの科学

　コンピュータ（Computer）は計算する機械（Computing Machine）です．その基礎はコンピューティングの科学（Science of Computing）で，コンピューティングは人間の知的活動に相当するコンピュータの作用を指します．

　昔から，どのようにして人間は物事を考えているのだろうか，その規則は何だろうか，考えるとは何だろうか，という問題が関心事でした．伝統的には，哲学の問題であり論理学の主要テーマです．20 世紀になると，数理論理学あるいは数学基礎論という分野で，証明とは，という問題への理解が深まりました．また，コンピュータにできることは人間を超えられるだろうか，あるいは，コンピューティングへの理解を深めることで人間の知的活動の源に近づけるだろうか，といった問いにもなります．

　コンピューティングとは何か，という質問には，さまざまな答え方ができま

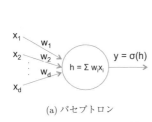 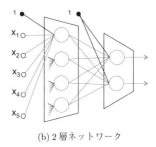

(a) パセプトロン　　　　　　　　(b) 2 層ネットワーク

図 2.1　パセプトロン

す．計算とは関数適用である，計算とは定理証明である，計算とは相互作用である，など，計算モデル（Model of Computation）の研究が進められました．関数型プログラミング，論理型プログラミング，プロセス計算などと云われています．そして，記号処理向けのプログラミング言語として整理され，記号主義（Symbolism）の人工知能ソフトウェアを記述する言語として使われました．この記号主義に対して，ニューラル・ネットワークの流派はコネクショニズム（Connectionism）と云われます．

2.1.2　ニューラル・ネットワーク

　コンピューティング科学には人間の知的活動を知りたいという欲求がありました．コンピューティングを考える方法として，脳の神経網に範をとるアプローチがあっても不思議ではありません．これが，人工神経網（Artificial Neural Networks, ANN）あるいはニューラル・ネットワーク（Neural Networks, NN）です．

パセプトロン　　NN は「パセプトロン（Perceptron）」とこれをつなぐ「シナプス（Synapse）」から構成されるネットワーク構造で図示されます．図 2.1(a) は構成単位のパセプトロン，(b) は簡単な 2 層構造の NN の例です．

　図示した NN は脳の神経網に似ています．これを，コンピューティングに使おうとすると，神経網を伝わる信号の種類と信号伝播の規則からなる仕組みを厳密に決めなくてはなりません．パセプトロン（図 2.1(a)）は受け付けた複数の入力信号 in_j を出力信号 out に変換する基本素子です．

$$out = \sigma \left(\sum_{j=1}^{K} w_j \times in_j \right) \tag{2-1}$$

と表記し，出力信号を計算する σ を活性関数（Activation Function）と呼びます．また，w_j は重みパラメータと云われます．NN はアナログ信号の伝播に基づく計算モデルです．

多変数非線形関数　パセプトロンは入力値が確定すると出力値が決まる非線形関数です．この時，パセプトロンのネットワークからなる NN は多数の関数を合成した大きな多値非線形関数になります．この全体を，多次元ベクトル $\vec{x}$ を入力として $\vec{y}(W; \vec{x})$ と書くことにしましょう．ここで，W は重みを表すパラメータ群です．

　NN は気持ちとしては脳の神経網に範があるものの，信号伝播を表す非線形関数です．このような信号伝播関数が，脳の神経網を抽象化した数学モデルになっていると信じます．本当に，期待するような脳のモデルになっているかを確認するには，NN の性質を調べることが必要です．そして，数理的な脳科学の研究[1]が盛んになりました．本書では，信号伝播を表す非線形関数としての NN を議論の対象とします．

関数族と学習モデル　ここで，関数と関数族を区別しておきます．パセプトロンが出力値を求める時，アークに付加された重み W は具体的な値に確定しています．NN の全ての重み値が決まっていれば，入力信号が与えられた時，NN 全体は信号を出力する関数です．一方，重みの値が確定していない場合，NN は具体的な関数にはなりません．重み値が決まらないので計算できないのです．いわば，関数テンプレートです．

　関数テンプレートは，ネットワーク構造は決まっているものの，重みの値が未確定です．全ての重みの値を決めれば，ひとつの関数になります．重みの値が異なれば，同じ関数テンプレートから作られる関数は，入力が同じであっても異なる結果を出力するでしょう．つまり，異なる関数といえます．関数テンプレートは関数の集まりを表し，重み W を指標とする関数族といいます．重み値を決めれば関数が決まる，というニュアンスです．また，機械学習の分野では，このよ

---

[1]　甘利俊一：脳・心・人工知能，講談社ブルーバックス 2016.

うな関数族を学習モデルといいます．これに対して，重みの値が定まった関数を訓練済み学習モデルと呼ぶことにします．AI や機械学習の本や文献では，訓練済み学習モデルのことを，単にモデルという場合があります．誤解しないようにして下さい．

2.1.3　表現力

NN は信号伝播する機構を持ちます．どのような伝播の仕方を表せるのでしょうか．どのような関数を表現できるのでしょうか．この問題を考えます．

今，ベクトル $\vec{x}$ を R 次元とすると，NN は R 個の変数 x_j $(j = 1, \cdots, R)$ を入力とする多変数非線形関数です．この連続関数には普遍近似定理（Universal Approximation Theorem）という重要な性質が成り立ちます．簡単な場合として計算結果が 1 次元（スカラー）の値になる場合を考えましょう．

普遍近似定理　　普遍近似定理によると，中間層が 1 つのニューラル・ネットワークは，任意の連続関数を近似的に表現可能なことがわかっています．

いくつかの点で注意が必要です．中間層は隠れ層とも呼ばれ，図 2.1(b) が一例です．NN は信号伝播の仕方を表す連続関数ですから，表現可能な対象が連続関数なのは当然でしょう．計算結果が整数値になる離散的な関数は対象外ですが，離散的な振舞いを連続関数で近似すれば良いです．また，表現したい連続関数を厳密に表せるわけではありません，あくまでも近似的な表現ですが，NN を工夫することで近似の精度を向上させることが可能です．さらに，この定理は NN が原理的に存在することを述べているだけです．欲しい NN を具体的に構成する方法を説明するわけではありません．

重ね合わせの原理　　普遍近似定理の厳密な証明は数学的な道具の準備が必要[2]なので本書の範囲を超えます．この定理の裏にある考え方[3]を，直感的に理解しましょう．

複雑な連続関数を近似的に表現する方法として，級数展開が用いられます．たとえば，波動方程式や熱伝導方程式の解を，さまざまな周波数成分の三角関数の 1 次結合によって表現するフーリエ級数展開の方法があります．この基本的な考

---

[2]　田中章詞, 富谷昭夫, 橋本幸士：ディープラーニングと物理学, 講談社 2019.

[3]　甘利俊一：第 5 章, Ibid., 2016.

え方は，基本となる関数（基底関数）の一次結合を用いるというもので，重ね合わせの原理と云われます．基底関数は，フーリエ級数展開であれば三角関数ですし，テイラー級数展開だと変数の冪乗 x^k です．

　ニューラル・ネットワーク（NN）の議論では，基底として矩形の関数（Bump Functions）を用いる方法を採用します．たとえば，正弦波を多数の矩形の集まりで近似的に表現できます．詳しいことは省きますが，非線形の活性化関数を利用することで，矩形の関数を NN で書き表すことが可能です．中間層（隠れ層）のニューロン数を増やすと多数の矩形関数を導入できます．これらの出力の重み付き総和を NN 全体の出力にすれば，基底となった矩形関数の 1 次結合の式が得られます．

　普遍近似定理が成り立つことから，隠れ層が 1 つの NN を用いることで，さまざまな連続関数を近似的に表せることがわかります．隠れ層のニューロン数を増やせば近似の精度が向上します．また，隠れ層の数を増やして「深層」ニューラル・ネットワーク（DNN）にすることで，複雑な関数を表現することができます．つまり，解くべき問題が複雑でも適切な DNN を定義することで対応可能といえます．

ループ構造のあるネットワーク　　コンピューティングの科学では，考案したプログラミング言語の表現能力を考察する時，チューリング・マシンと同じ能力があるかどうかを議論します．現在の汎用コンピュータはチューリング・マシンと同等の計算能力があるとされています．では，ニューラル・ネットワーク，深層ニューラル・ネットワークは，どうでしょうか．少し工夫すると，チューリング・マシンと同等になることが知られています．その代表的な例は，ループ構造を持つ再帰型ニューラル・ネットワーク（Recursive Neural Networks, RNN）です．

　これまで，ニューラル・ネットワークは，入力から出力まで，図 2.1(b) だと左から右へ，一方向に信号が流れるとしてきました．これをフィードフォワード・ネットワーク（Feed-Forward Networks）と呼びます．これに対して，RNN は内部にループ構造を持つように拡張しました．

　ループ構造を導入することで，情報を一時的に保持することが可能になります．つまり，メモリを持つニューラル・ネットワークを定義することです．今，長さ S の列（Sequences）を $\langle\langle\ x_1, \cdots, x_S\ \rangle\rangle$ と表現しましょう．x_1 から順番に

入力されるとすると，長さ S の時系列を取り扱うことができます．たとえば，データ x_{i+1} が入力された時，ループに沿ってひとつ前の x_i に対する処理結果を流すことで，再び x_i を処理対象にできます．つまり，ループを利用することで，ひとつ前に入力したデータを記憶するメモリの役割が実現できるわけです．

このようなRNNは，計算能力を考察する理論的な興味だけではありません．たとえば，入力列の長さ S に応じてループを展開（Unfold）したネットワーク構造が有用なことが知られています．RNNは順序関係が意味を持つデータを処理対象にでき，自然言語処理に利用されます．また，画像データの認識問題は，畳み込みニューラル・ネットワーク（Convolutional Neural Networks，CNN）と相性が良いです．深層ニューラル・ネットワークの応用範囲が広がることになりました[4]．

2.1.4 訓練・学習の方法

教師あり分類学習タスクを例として，DNN学習の基本的な方法を説明しましょう．多次元ベクトルとして表されたデータ $\vec{x}$ を C 個のカテゴリ（クラス）に分類する入出力関係を求めます．一般に，具体的なデータから近似的な関係を求める問題は，統計的な手法の分野でアルゴリズミック・モデリング[5]と云われています．以下，第1章の半減期の例と対応させて，訓練・学習の基本的な考え方を紹介します．

教師あり分類学習のソフトウェア　多次元ベクトル $\vec{x}^{(n)}$ と，これに対応する正解タグ $\vec{t}^{(n)}$ を1組にします．その集まりからなるデータセットを DS とし，$DS = \{\langle \vec{x}^{(n)}, \vec{t}^{(n)} \rangle\}$ と表記することにします．正解タグ $\vec{t}^{(n)}$ は C 次元ベクトルで，正解 c が対応する成分だけが1で他は0です．つまり，$\vec{t}^{(n)}[c] = 1$ で，$\vec{t}^{(n)}[c'] = 0$ $(c \neq c')$ です．なお，半減期問題では，測定点 $\langle x^{(j)}, y^{(j)} \rangle$ の集まりが処理対象でした．

DNNの学習モデルを $\vec{y}(W; \vec{x})$ としましょう．ここで，W は学習パラメータです．半減期問題では線型モデル (1-2) を用いたので，パラメータは a と b の2

---

[4] I. Goodfellow, Y. Bengio, and A. Courville: Ch.9 & Ch.10, Ibid., The MIT Press 2016.

[5] L. Breiman: Statistical Modeling: The Two Cultures, *Statistical Science*, 16(3), pp.199–231, 2001.

つだけでした．一方，$\vec{y}(W; \vec{x})$ は多層のニューラル・ネットワークで，膨大な個数の学習パラメータ W を持ちます．

　訓練・学習は学習モデル $\vec{y}(W; \vec{x})$ と訓練データセット LS を決めた時，訓練済み学習モデルの関数 $\vec{y}(W^*; \_)$ を確定する重みパラメータ値 W^* を決めることです．この訓練・学習処理を実現するプログラムを $\mathcal{L}_f$ と表記することにします．また，訓練済み学習モデル $\vec{y}(W^*; \_)$ が機能振舞いを規定する予測・推論プログラムを $\mathcal{I}_f$ とします．

数値最適化　　訓練・学習は具体的には誤差関数 $\mathcal{E}$ を最小化するパラメータ値 W^* を求める数値最適化の問題になります．次の式 (2-2) として表せます．

$$W^* = \underset{W}{argmin} \ \mathcal{E}(W; LS) \tag{2-2}$$

今，損失関数 $\ell(\vec{y}(W; \vec{x}^{(n)}), \vec{t}^{(n)})$ を，$\vec{x}^{(n)}$ に対する予測計算値 $\vec{y}(W; \vec{x}^{(n)})$ と正解 $\vec{t}^{(n)}$ との差の指標とする時，LS の大きさを N として誤差関数 $\mathcal{E}$ を次のように定義します．ここで，$LS = \{\langle \vec{x}^{(n)}, \vec{t}^{(n)} \rangle\}$ です．

$$\mathcal{E}(W; \{\langle \vec{x}^{(n)}, \vec{t}^{(n)} \rangle\}) = \frac{1}{N} \sum_{n=1}^{N} \ell(\vec{y}(W; \vec{x}^{(n)}), \vec{t}^{(n)}) \tag{2-3}$$

この式 (2-3) と式 (2-2) を合わせた式が最小二乗法の式 (1-4) に対応します．

　さて，式 (1-4) では，残差を 1 次元データの差の 2 乗で定義しました，上記の ℓ を，どのように考えれば良いでしょうか．式 (1-4) からの類推だと，多次元空間のユークリッド距離の 2 乗とすれば良さそうです．$\vec{z}^{(i)}$ $(i = 1, 2)$ を R 次元ベクトルとして $\ell(\vec{z}^{(1)}, \vec{z}^{(2)}) = \| \vec{z}^{(1)} - \vec{z}^{(2)} \|^2 = \sum_{j=1}^{R} (z_j^{(1)} - z_j^{(2)})^2$ です．

勾配降下法　　最小値を求める式 (2-2) の目的関数 (2-3) は，一般には，非線形関数です．解析的に求めることはできません．そこで，1.3 節で触れた勾配降下法を用います．LS は定まった値ですから，重みの集まり W が変数です．$\mathcal{E}'(W) \overset{def}{=} \mathcal{E}(W; LS)$ としましょう．初期値を $W^{[0]}$ とする時，$K \geq 0$ に対して，

$$W^{[K+1]} = W^{[K]} - \eta \nabla_W \ \mathcal{E}'|_{W^{[K]}} \tag{2-4}$$

です．ここで，η は学習率を表すハイパー・パラメータ，$\nabla_W \mathcal{E}'$ は偏微分です．この式は略記ですので，細かく見ていきましょう．まず，W は多数の重みの集まりなのでベクトルだとします．その j 成分は W_j です．$\nabla_W \mathcal{E}'$ は $\partial \mathcal{E}'/\partial W$ と

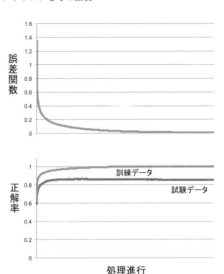

図 2.2　誤差関数と正解率

書け, j 成分が $\partial \mathcal{E}'/\partial W_j$ のベクトルです. 式 (2-4) の j 成分は

$$W_j^{[K+1]} = W_j^{[K]} - \eta \left. \frac{\partial \mathcal{E}'}{\partial W_j} \right|_{W^{[K]}}$$

です. このステップを, $\mathcal{E}'(W^{[K]})$ が変化しなくなるまで繰り返し, 収束した時の $W^{[K]}$ を W^* とします.

学習の進行　勾配降下法の式 (2-4) にしたがって求める $\mathcal{E}'(W^*)$ は $\nabla_W \mathcal{E}' = 0$ を満たします. これは極値が満たす条件です. 式 (1-4) と同様に極小値ですが, 今回は最小値とは限りません. この極小値を探索する過程が期待通りかを確認する必要があります. 探索の繰り返しのエポック e での重みを W^e とする時, 図 2.2 のような 2 つの指標を監視します.

　誤差関数は $\mathcal{E}'(W^e)$ のグラフです. 図 2.2 の上段の例が示すように, 収束傾向を表します. 図 2.2 下段の正解率によって, 訓練・学習結果の予測性能が妥当なことを確認できます. 正解率は以下に説明する方法で計算します.

　データセット DS を $\{\langle \vec{x}^{(n)}, \vec{t}^{(n)} \rangle\}$ とします. エポック e で定まった重み値を W^e とすると, $\vec{y}(W^e; \vec{x}^{(n)})$ は多次元ベクトル $\vec{x}^{(n)}$ の予測結果です. この入力データの正解は $\vec{t}^{(n)}[c] = 1$ となる成分 c でした. 予測結果は近似的な関係から計算されるので, 必ずしも 1 になるとは限りません. 一般に予測結果は 0 から 1

の値をとります．そこで，分類カテゴリの全体を C とする時，予測結果を最大化するカテゴリのインデックス c^* を求めます．

$$c^* = \underset{c \in C}{argmax}\ \vec{y}(W^e; \vec{x}^{(n)})[c]$$

を用いて，$\vec{t}^{(n)}[c^*] = 1$ が成り立てば正解です．正解率は，DS の要素全体に対する正解の頻度です．図2.2下段の2つのグラフは，いずれも収束しています．

2.1.5 過学習

　訓練・学習では訓練データセット LS を入力したことに注意して下さい．半減期の問題では測定値の集まりを再現するのですが，それ以外のデータは正しい予測結果を示さないという状況，つまり，過適合の状況が生じることがありました．同じことは訓練・学習でも生じます．つまり，訓練データセットに対して良い正解率を示すのですが，他のデータの予測結果が妥当でない状況です．この訓練データセットへの過適合を，特に，過学習（Over-learning）と呼びます．

汎化ギャップ　　訓練データセットについて正解率を調べるだけでは，過学習が起こって，期待する結果に収束していないかもしれません．そこで，LS と異なるデータセットを用意し，この試験データセット TS に対する正解率を同時に調べます．TS の役割は訓練・学習が進んでいることの確認です．そこで，確認用データセット（Validation Dataset）という名称が相応しいかもしれません．本書では，昔からの習慣にしたがって，試験（Testing）と呼ぶことにしました．

　図2.2下段のように LS の正解率と TS の正解率を重ねて表示すると，その差異がわかりやすいです．ここでは，特に，違いがわかるように，両者が一致しない例を示しました．2つのグラフは共にエポックが進行すると平坦になり，正解率が変化しなくなっています．この安定状態での差を汎化ギャップと呼びます．勾配降下法による探索が期待通りに進行しているかは，この汎化ギャップが小さいことによって確認できます．なお，図2.2下段は汎化ギャップが大きいので好ましくない結果になったといえます．

試験データセット　　訓練データセット LS は訓練・学習の入力になります．これがないと何もできません．では，試験データセット TS は，どのようにして作成するのでしょうか．一般的には，LS と TS は，同じ分布にしたがうとしま

す．これだとわかりにくいですね．具体例として，MNIST[6]で考えてみましょう．1.2 節で説明した手書き数字分類学習の標準的な問題です．

MNIST は多数の人が書いた手書き数字を収集したものです．さまざまな書きクセを網羅していると考えます．この標準問題は，手書き数字 1 文字を表すベクトルと正解タグの組 70,000 個から構成されており，その中の 60,000 個を訓練データセット LS，残りの 10,000 個を試験データセット TS とします．別の見方をすると，70,000 個のデータ・プールから，ランダムにデータを選び，LS と TS に分けるわけです．ランダムに選ぶので，LS も TS も，データ・プール中のデータ分布を忠実に反映したデータからなるとして良いでしょう．このような意味で，LS と TS が同じ分布にしたがうと考えます．

では，何故，LS と TS の間に汎化ギャップが生じるのでしょうか．半減期の問題で説明したように，統計的な方法を用いることから，LS のデータへの過適合が生じる可能性があります．ランダムに選んだとしても，LS に選ばなかったデータからなる TS は LS の正解率と異なる結果を導くかもしれません．つまり，LS の選び方あるいは TS の選び方に偏りがある場合，汎化ギャップが生じる可能性があります．

機械学習方式の工夫　深層ニューラル・ネットワーク（DNN）の機械学習の分野では，訓練・学習が速く収束すると同時に，汎化ギャップを小さくする学習方式が主要な研究テーマ[7]のひとつでした．正則化（Regularization）の方法と云われます．また，DNN の訓練・学習を表す数学の問題は非凸最適化に分類されています．その数学的な性質が研究されたのですが，次のような残念なことがわかりました．(1) 最適解が得られる保証がないこと，(2) 探索の初期値の選び方によっては適切な訓練・学習結果に収束しないこと，です．

また，すべての最適化問題を効率よく解く万能の解決法がないことが知られています．ノーフリーランチ（No Free Lunch）定理という性質で，「タダ飯（のような努力がいらなくて都合のよいこと）はない」です．この定理は，逆に，DNN の訓練・学習という特別な問題の状況に合わせた方法を見つければ良いとことでもあります．そのような工夫が，正則化といえるのではないでしょうか．

---

6) http://yann.lecun.com/exdb/mnist/

7) G. Montavon, G.B. Orr, and K.-R Mukker (eds): *Neural Networks: Tricks of the Trade (2ed.)*, Springer 2012.

さらに，DNN の訓練・学習では，過学習を避けられることが経験的に知られています．半減期問題の例で説明したように，過適合はモデル自由度が測定点の数よりも多いと生じます．DNN で取り扱う機械学習問題では，訓練データセットが数万の大きさであるのに対して，求める重みパラメータの個数が数百万のオーダーのことさえあります．素朴に考えると，過適合（つまり過学習）の状況が必ず起きます．ところが，多くの場合，適切な汎化ギャップになる解を得ることができ，その結果，DNN を実用的に使えます．

現時点では，過学習が起こらない理由は解明されていません．好ましい結果になる理由が不明ということは，過学習を必ず避ける方法がわかっていないことでもあります．実験的な方法で試行錯誤的に良い結果を得るしかありません．

2.2　品質の観点

機械学習はソフトウェアとして提供されます．安心・安全に使うには，期待される品質をもつ必要があります．機械学習ソフトウェアの品質を，どのような観点から考えれば良いでしょうか．

2.2.1　SQuaRE 品質モデル

ソフトウェアの品質は，Systems and software Quality Requirements and Evaluation（SQuaRE）という国際規格で，基本的な考え方が整理されています．「システム及びソフトウェア製品の品質要求及び評価に関する国際規格」ISO/IEC 25000 シリーズで，国内規格は JIS X 25000 シリーズが対応します．

SQuaRE[8]では，ソフトウェア品質を「明示された状況下で使用されたとき，明示的ニーズ及び暗黙のニーズをソフトウェア製品が満足させる度合い」と定義しています．「明示された状況下で使用」という制限は，ソフトウェア製品の使用可能な条件が明らかなことを想定しています．ところが，機械学習ソフトウェアの品質を SQuaRE に沿って考える時，この制限を緩和する必要があるかもし

---

8)　東基衛：システム・ソフトウェア品質標準 SQuaRE シリーズの歴史と概要，SEC ジャーナル，10 (5), pp.18-22, 2015.

れません. たとえば, 自動運転車に機械学習を応用した画像認識プログラムを搭載する時, その自動車の走行を許可する条件を指定できるか疑問です. 条件があまりに厳しすぎると, 一般道路での走行ができないかもしれません. 本書では, これ以上, 深く議論しません.

　SQuaRE が定義する品質モデルは, 製品品質モデル, 利用時品質モデル, データ品質モデルの 3 種類です. 製品品質モデルは作り手からみた品質で, 一方, 利用時品質モデルは製品ユーザのニーズと直接に関係します. 機械学習ソフトウェアの場合, どのように考えれば良いでしょうか. 順に見ていきます.

2.2.2　利用時の品質

　機械学習ソフトウェアの場合, 予測・推論プログラム $\mathcal{I}_f$ が利用時品質モデルを議論する対象になるでしょう. つまり, 計算結果の予測の確からしさ (分類確率) が, 議論の出発点になります. 分類確率に関わる品質ついて, 詳しく調べていきましょう.

正確性　$\mathcal{I}_f$ は多次元ベクトルの入力データ $\vec{x}$ の分類結果を求めるプログラムです. 返却値を C 次元ベクトル p とすると, p の c 成分は $\vec{x}$ が c に分類される確率を表します. $\sum_{c=1}^{C} p[c] = 1$ で, すべての成分は 0 から 1 の値をとります. 値 (つまり確率) が最大となる成分は, $c^* = \underset{c}{argmax}\ p[c]$ と書けます.

　基本的な性質の正解率を基にして正確性 (Correctness) を導入します. 正解タグ付きの多次元データの集まりを評価用データセット ES として, 予測・推論プログラム $\mathcal{I}_f$ の品質を調べます. $ES = \{\langle \vec{x}^{(m)}, \vec{t}^{(m)} \rangle\}$ です. 入力データ $\vec{x}^{(m)}$ の分類確率を p とする時, $\vec{t}^{(m)}[c^*] = 1$ $(c^* = \underset{c}{argmax}\ p[c])$ が成り立てば正解です. 正解率は ES の要素全体に定義した正解の頻度です. 高い正解率を示す時, 正確性が良いといいます.

　正解率は良くても, 予測の確からしさ (分類確率) そのものは低いかもしれません. 分類確率を考えたい時は, $\mathcal{I}_f(\vec{x}^{(m)})$ の結果から計算した $p[c^*]$ の値を考えます. ES の要素に対する $p[c^*]$ の平均値 $\overline{p[c^*]}$ が良い指標になるでしょう. この分類確率の平均値も正確性の良し悪しを表すと考えられます.

ロバスト性　ロバスト性 (Robustness) は, 既知の正解タグを持つベクトル $\vec{x}^{(m)}$ $(\langle \vec{x}^{(m)}, \vec{t}^{(m)} \rangle)$ がある時, $\vec{x}^{(m)}$ の近傍の多次元ベクトルが, どのような分

類結果になるかです．$\| \vec{x} - \vec{x}^{(m)} \|$ を距離とし，$\| \vec{x} - \vec{x}^{(m)} \| < \delta$ に対して，微小な値 ϵ があって，$\| \mathcal{I}_f(\vec{x}) - \mathcal{I}_f(\vec{x}^{(m)}) \| < \epsilon$ となる時，δ が小さ過ぎない適切な値になれば，ロバスト性が良いといえます．

このロバスト性は一般的な定義ですが，分類問題ではロバスト半径が考えやすい指標です．$\mathcal{I}_f(\vec{x})$ の返却値 p から $c^* = \underset{c}{argmax}\ p[c]$ を得ます．正解タグは $\vec{t}^{(m)}$ なので，$\vec{x}$ について求めた c^* が $\vec{t}^{(m)}[c^*] = 1$ となるような径 δ を求めます．このような最大の径 δ をロバスト半径と呼びます．ロバスト半径が大きいと，同じ分類結果となる近傍データの数が増えることから，予測分類の結果が安定しているといえます．

なお，この分類問題に対するロバスト半径の定義では，分類確率の値 $p[c^*]$ は考慮していません．確率が高いか低いかによらず，基準としたデータの周辺 δ で同じ分類結果になるということです．

2.2.3 製品品質

予測・推論プログラムの品質を考える基礎となる性質を，正確性とロバスト性の観点で述べました．SQuaRE の利用時品質モデルに関連した重要な側面ということが理由です．では，どのように SQuaRE の製品品質を考えれば良いでしょう．

開発者の視点　製品品質モデルは，ソフトウェア開発者の視点から品質の観点を整理するものです．DNN ソフトウェアでは，予測・推論プログラム $\mathcal{I}_f$ の機能振舞いを規定するのは，訓練済み学習モデル $\bar{y}(W^*; \_)$ です．一方，$\bar{y}(W^*; \_)$ は，学習モデルとして関数族 $\{\bar{y}(W; \_)\}_W$ を与えた時，訓練データセット LS が規定する最適化問題の解として求まります．つまり，$\bar{y}(W^*; \_)$ は，この最適化問題を解く訓練・学習プログラム $\mathcal{L}_f$ によって，自動合成されたといえるでしょう．プログラムの作成者がいないではありませんか．

コンパイラの信頼性　素朴に，$\mathcal{L}_f$ を一種のコンパイラと考えてみましょう．たとえば，Java など，普通に使うプログラミング言語は，コンパイラ言語と総称されます．開発者は Java プログラムを作成します．Java コンパイラは入力された Java ソース・プログラムから実行可能コードを出力します．これを実行させて，データを入力すると計算結果が出力されます．計算結果が期待と異なれ

ば，ソース・プログラムに欠陥があるとして，修正作業を行います．

　ところが，コンパイラに欠陥があることが稀にあります．コンパイラに欠陥があると，最悪，正しい実行可能コードを出力しないかもしれません．自分が作成した Java プログラムが正しく作動するということには，コンパイラが正しいという暗黙の前提があるわけです．

　コンパイラは大規模プログラムの代表例で，1960 年代，正しいコンパイラの開発が難しいことが知られていました．余談ですが，プログラムが期待通りに作動すること，欠陥がないことを確認する技術は，ソフトウェア工学の重要な分野で，ソフトウェア信頼性（Software Reliability）と呼ばれます．歴史的には，信頼性の高いコンパイラを開発する技術の確立をきっかけとして，一般に，信頼性向上を目的とする形式手法の研究が始められました[9]．

訓練・学習プログラムの信頼性　$\mathcal{L}_f$ に欠陥があると，どうなるでしょう．コンパイラに欠陥があるようなものなので，期待通りの $\bar{y}(W^*;\_)$ が生成されないかもしれません．また，$\mathcal{L}_f$ に欠陥がなくても，LS に何らかの問題があると，やはり，期待通りの $\bar{y}(W^*;\_)$ が生成されないでしょう．これは，Java プログラムの例に合わせると，コンパイラへの入力情報だったソース・プログラムに欠陥がある場合に相当します．

　以下，差し当たって，コンパイラに欠陥があることと似た場合，つまり，$\mathcal{L}_f$ に欠陥がある場合を考えましょう．LS に関連した問題は第 4 章で述べます．

プログラムの仕様と欠陥　プログラムに欠陥があるというのは，どういうことでしょうか．プログラムを開発する場合，大まかにいうと，期待する機能振舞いを整理した仕様（Specifications）を作成し，その仕様をプログラムとして実現する方式を決めます．これが，プログラム作成に先立って行う設計作業です．プログラムに欠陥がないとは，設計仕様通りに作られていることです[10]．

　訓練・学習プログラム $\mathcal{L}_f$ は，最適化の方法を実現した数値計算プログラムです．勾配降下法が基本ですが，実行の高速化や数値計算の精度を向上する工夫，汎化ギャップを小さくし生成した $\bar{y}(W^*;\_)$ の正確性ならびにロバスト性を改善する工夫，など，さまざまな観点から検討した方式を実現します．一言で述べると，このような学習方式が設計仕様に相当します．理論的に優れた学習方式を考

---

9)　中島震: 形式手法入門，オーム社 2012.

10)　中谷多哉子，中島震（編著）：ソフトウェア工学，放送大学教育振興会 2019.

案したとしても，$\mathcal{L}_f$ のプログラムとして実現できなければ，実際の訓練・学習に役立ちません．

　以上をまとめると，機械学習ソフトウェアでの製品品質は，訓練・学習プログラム $\mathcal{L}_f$ の作成に関わる観点といえます．設計仕様通りにプログラムが作成されているかを調べる，という点で，従来からソフトウェア工学の分野で議論されてきた信頼性向上の考え方と同じです．ところが，$\mathcal{L}_f$ のプログラムとしての特徴から，従来技法の応用が困難なことも事実です．

機械学習フレームワークの品質　なお，機械学習の技術が広まると共に，上に述べたような学習方式を自分でプログラム化する機会が少なくなっています．機械学習ライブラリあるいは機械学習フレームワークと呼ばれる基本的なソフトウェアが開発，公開されるようになりました．その中には，オープンソースソフトウェア（Open Source Software, OSS）として無料配布されているものがあります．この状況は，先に対比させたコンパイラの OSS と似た流れです．しかし，コンパイラに欠陥がないと断言できないのと同様，機械学習フレームワークに欠陥がないと言い切れません．そして，これらを利用した訓練・学習プログラム $\mathcal{L}_f$ の欠陥は，$\bar{y}(W^*;\_)$ の機能振舞い，利用時の品質に影響します．OSS の機械学習フレームワークを利用する場合，その製品品質は要注意です．可能であれば，欠陥がないことを，フレームワークを利用する側で確認しておきたいです．

2.2.4　機械学習とアルゴリズム

　プログラムの機能振舞いを整理した設計仕様の中心は，処理手順を定めるアルゴリズム（Algorithm）と処理対象になるデータ構造です．一般にアルゴリズムが正しくても，正確にプログラム化できていない時，プログラムの制御フローに欠陥が混入することが多いです（3.1 節）．また，データ利活用の時代になって，「アルゴリズムが競争力の源泉」と云われるようになりました．そこで，機械学習ソフトウェアに関連して，アルゴリズムが何を指すのか整理しておきましょう．

　本書では，機械学習ソフトウェアを予測・推論プログラム $\mathcal{I}_f(\_)$ と訓練・学習プログラム $\mathcal{L}_f(\_)$ に明確に分けて説明しています．ユーザは $\mathcal{I}_f$ の出力結果を気にします（2.2.2 項）．このプログラムの機能振舞い，処理手順を決めるのは訓

練済み学習モデル $Y(W^*; \_)$ です．そこで，$Y(W^*; \_)$ 自身，あるいは，元になった学習モデル $Y(W; \_)$ がアルゴリズムと考えられます．実際，解きたい問題が複雑になると共に，さまざまな DNN 学習モデル（2.1.3 項）が考案されてきました．競争力の源泉は学習モデルにある，といえます．

一方，$\mathcal{L}_f(\_)$ は機械学習方式を実現したプログラムです．DNN の場合，基本となる勾配降下法の改良方式，さまざまな正則化の工夫などを整理した学習アルゴリズムを設計仕様としてプログラムを作成します．既存の機械学習フレームワークを利用する場合，このようなアルゴリズムの効果を享受できるので，ユーザが直接，気にするものではないかもしれません．ところが，SVM のように学習アルゴリズムが解くべき問題と直接関係する機械学習技術（4.3.2 項）があります．また，DNN の学習アルゴリズム自身も継続して改良が続けられています．つまり，機械学習フレームワーク開発者からみると，学習アルゴリズム自身が競争力の源泉です．

機械学習に関わる競争力という観点では，ここに述べた2種類のアルゴリズムのどちらか一方ということではなく，共に重要なことがわかります．

2.3 品質の劣化

機械学習ソフトウェアでは，利用時の品質が大切で，予測・推論に関わる正確性とロバスト性に注目します．まず，正確性およびロバスト性を低下させる要因，品質の劣化原因を整理します．従来のソフトウェアにはなかった特徴が見られます．

2.3.1 整理の方針

一般に，ソフトウェア製品あるいはプログラムの品質劣化あるいは欠陥の原因は，ハードウェア製品や装置と異なる特徴を示します．ハードウェア製品だと，部品の破損や故障あるいは間欠的な誤動作による偶発的な欠陥が原因です．定期的な点検作業によって必要に応じて部品を交換し，欠陥の原因を取り除きます．

一方，ソフトウェア製品は壊れたり故障したりしません．プログラム開発過程

表 2.1 劣化の理由

	通常の状況	敵対的な状況
訓練・学習時	標本選択バイアス プログラム欠陥	毒入れ攻撃
予測・推論時	データ・シフト	敵対擾乱 妨害攻撃

で混入した欠陥，設計バグとかプログラムのバグが原因で，プログラムが欠陥箇所を実行すると必ず誤動作します．機械学習ソフトウェアはプログラムとして実現されますから，従来のソフトウェア製品の品質劣化あるいは欠陥と同じように考えれば良いでしょうか．正確性とロバスト性という重要な品質観点から詳しく調べる必要があるでしょう．

　表2.1は，正確性あるいはロバスト性を劣化させる主な要因の一覧です．敵対的な状況とは，悪意のある外部からの攻撃のことで，詳細は第6章で説明します．敵対的な状況に関連する脅威を，セキュリティ問題として議論することがあります．機械学習ソフトウェアは，一般に，訓練・学習に用いなかった未知データが入力された時に，期待通りの正確性やロバスト性を示すことが，良い品質につながります．つまり，オープンな環境での利用（機械学習ソフトウェア・システムの運用）を抜きにした品質の議論は片手落ちです．そこで，本書では，敵対的な状況を含めて表2.1のように整理しました．

　また，ここで考察する利用時の品質は，$\bar{y}(W^*; \_)$ の機能振舞いに依存します．そこで，$\bar{y}(W^*; \_)$ を得る訓練・学習時に遭遇する劣化の要因と訓練・学習時と運用時の状況の違いに起因する理由に分けて説明します．前者は訓練・学習プログラム $\mathcal{L}_f$ が後者は予測・推論プログラム $\mathcal{I}_f$ が，各々，関係します．

2.3.2　訓練・学習時の劣化要因

データセットから訓練済み学習モデルを得る過程で生じる劣化です．

訓練・学習プログラムの欠陥

　最初は，先に述べた製品品質に関連することで，訓練・学習プログラム $\mathcal{L}_f$ の欠陥が劣化原因になる場合です．たしかに，$\mathcal{L}_f$ に欠陥があると，得られる

$\bar{y}(W^*; \_)$ が不具合を生じます．ところが，欠陥の有無は，具体的なデータを入力して予測分類の性能を調べることで，はじめてわかります．訓練・学習プログラム $\mathcal{L}_f$ の欠陥が，どのような不具合として現れるかについて，MNIST データセットの簡単な実験によって面白いことがわかりました．

この実験[11]では，同じ訓練データセット LS を，欠陥のないと考えられるプログラム $\mathcal{L}_f$ と欠陥を挿入したプログラム $\mathcal{L}_f'$ で比較しました．図 2.2（2.1 節）のように，誤差関数のグラフと訓練データセット LS ならびに試験データセット TS の正解率を監視します．実験では誤差関数グラフが収束傾向に至ることがわかりした．また，LS と TS の正解率は期待する値（95％ 以上）になり，さらに，汎化ギャップがほぼ 0 でした．つまり，欠陥の有無に関わらず $\mathcal{L}_f$ から得た $\bar{y}(W^*; \_)$ と $\mathcal{L}_f'$ から得た $\bar{y}(W'^*; \_)$ は同様の正確性を示しました．

この実験から，誤差関数と正解率を調べる標準的な方法では，訓練・学習プログラムに欠陥があるか否かはわからないといえます．SQuaRE の言葉を使うと，製品品質が悪くても，利用時の品質が期待通りになる場合がある，といえます．

標本選択バイアス

次に，訓練データセット LS に，何らかの欠陥があって，期待通りの $\bar{y}(W^*; \_)$ が生成されない場合を考えましょう．機械学習など統計的な手法に共通する標本選択バイアス（Sample Selection Bias）という問題です．

仕様のエラー　$\bar{y}(W^*; \_)$ は LS から導出された近似的な入出力関係ですから，LS の違いが $\bar{y}(W^*; \_)$ に影響します．訓練データセット LS を $\bar{y}(W^*; \_)$ の仕様と見做すことができ，標本選択バイアスを仕様のエラーである[12]と考えます．

手書き文字分類問題 MNIST を例とした汎化ギャップに関連した議論（2.1節）で，訓練データセット LS がデータ・プール中のデータ分布を忠実に反映していることを前提としました．標本選択バイアスは，この LS の選び方に偏りがある状況を指します．極端な例を示しましょう．MNIST は「0」から「9」の手書き数字データからなります．LS' として「9」のデータを選ばなかったら，

---

11) S. Nakajima and T.Y. Chen: Generating Biased Dataset for Metamorphic Testing of Machine Learning Programs, *Proc. IFIP-ICTSS 2019*, pp.56-64, 2019

12) J.J. Heckman: Selection Bias as a Specification Error, *Econometrica*, 47(1), pp.153-161, 1979.

訓練・学習の結果は，どうなるでしょうか．すべての数字を均等に選び出した LS に比べて，LS' は偏りがあるといえます．

データ分布　　データ分布に関する事柄は，機械学習の技術で頻繁に出てきます．形式的な説明になりますが，ここで整理しておきます．LS は有限個のデータの集まりで，LS 中のデータ分布を考えることができます．とはいっても，数学的に取り扱いが容易な正規分布ではないでしょう．LS 中のデータは具体的な手段で集められたもので，数学的に定義された分布から系統的に得られたものではありません．この有限個のデータの分布を経験分布（Empirical Distribution）と呼び，記号 ρ^{EMP} で表します．

　一方，データ分布を理論的に取り扱う時は，分布 ρ が既知であると想定します．そして，具体的なデータ x は，この分布 ρ にしたがって独立に生成されたと考えます．独立同分布（independently and identically distributed）といい，$x \sim_{i.i.d.} \rho$ と表記します．ここで，独立とは，あるデータ x の選び方が，他の x' の選び方に影響しないことです．また，ρ はデータを無限に生成する基になるので母集団分布といいます．直感的には，母集団分布 ρ からランダムに満遍なく選ぶということです．

　標本選択バイアスは，標本のデータ分布が母集団分布を基準にして偏りがあることです．MNIST の場合，母集団分布は不明ですが，LS と TS をひとつのデータ・プールから選びました．十分な数のデータがあれば，データ・プール，LS，TS の 3 つのデータ分布に大きな違いがないと考えられます．一方，意図的に「9」だけ選ばなかった LS' のデータ分布は他と異なります．

　標本選択バイアスがあると，LS と TS の正解率の汎化ギャップとして顕在化することがあります．しかし，LS と TS に標本選択バイアスがあっても共に同じ傾向であれば，汎化ギャップが生じないので，訓練・学習時に見過ごします．そして，機械学習ソフトウェア・システムの運用時になって，予測確率が悪いといった正確性の低下として現れます．後に述べるデータ・シフトと似た状況になります．

訓練誤差　　ここで，2.1 節の式 (2-3) に戻ります．この式は LS の経験分布 ρ^{EMP} 下で $\ell(_-,_-)$ の期待値を求めることと読み替えられます．これを

$$\mathcal{E}(W;\ LS) = \mathbf{E}_{\langle \vec{x},\vec{t} \rangle \sim \rho^{EMP}} [\![\ell(\vec{y}(W;\vec{x}),\vec{t})]\!] \qquad (2\text{-}5)$$

と表記します。仮に，母集団分布 ρ が既知とすると，母集団分布下での期待値を求めることができます。

$$\mathcal{E}(W;\ LS) = \mathbf{E}_{\langle \vec{x}, \vec{t} \rangle \sim \rho}[\![\ \ell(\vec{y}(W;\vec{x}), \vec{t})\ ]\!] \qquad (2\text{-}6)$$

この式 (2-6) を用いると，母集団分布にしたがったすべてのデータを考慮するので，汎化性能の良い訓練・学習の結果（$W^* = \underset{W}{argmin}\,\mathcal{E}(W;\ LS)$）を得ることができます。この時，ここで問題としたような標本選択バイアスによる品質劣化は生じません。

　残念なことに，式 (2-3) は訓練データセットを用いた訓練誤差を最小化することなので，理想的な結果に一致しません。十分な大きさの訓練データセットを用いると，式 (2-5) が式 (2-6) の結果を良く近似すると期待するのです。

　この問題は機械学習の方法の限界で品質劣化ではありません。機械学習方式の工夫によって，式 (2-3) の訓練誤差最小化の方法で，十分に良い汎化性能を達成できることが経験的にわかっています。しかし，開発した機械学習ソフトウェアが期待通りの性能を発揮しない時，用いた訓練データセットに原因があることが多いです。$\vec{y}(W^*;\_)$ はあくまでも LS を基にした近似です。

毒入れ攻撃

　訓練データセット LS の選び方によって，訓練・学習プログラム $\mathcal{L}_f$ が導き出す $\vec{y}(W^*;\_)$ が影響を受け，その結果，予測・推論プログラム $\mathcal{I}_f$ の機能振舞いが変わります。想定外のデータを訓練データセットに混入させると，予測・推論の結果を支配できるでしょう。これが毒入れ攻撃（Poisoning Attack）です。

　毒入れ攻撃は訓練データセットを汚染する方法で，機械学習の方法そのものに対する攻撃です。訓練・学習プログラム $\mathcal{L}_f$ の外側で，想定しないデータが訓練データセットに混入しないように防御する必要があります。

　なお，2016 年，チャットボットがヘイト発言を学習するというニュースが大きな話題となりました。ここで使われた生成モデルの機械学習技術は，本書の範囲を超えますが，この事件も毒入れ攻撃の一種といえます。

2.3.3 予測・推論時の劣化要因

機械学習ソフトウェア・システム運用時の入力データが原因の劣化です.

データ・シフト

機械学習ソフトウェアでは,予測・推論プログラムへ入力されるデータが,訓練データセット LS のデータ分布に概ね従うことを想定しています.つまり,LS が訓練・学習時に $\bar{y}(W^*; \_)$ の仕様の役割を果たすと共に,実行時に入力されるデータの条件を規定していると暗に考えます.ところで,機械学習ソフトウェアへの素朴な期待は,訓練・学習時に考えていない入力データに対しても,それなりの予測結果を返すことでした.この暗黙の前提が妥当かを詳しく見ていく必要がありそうです.

さて,運用時になって,入力データの性質が変化し,データ・シフト(Data Shift)の状況が生じることがあります.LS のデータ分布からみて出現頻度が小さなデータ,つまり外れ値(Outliers)が入力されるかもしれません.このような入力データに対する予測分類の確からしさは小さくなります.データ・シフトが生じた後,予測分類の確からしさを監視していると,入力データの集まり $\{\vec{x}^{(m)}\}$ に対する確からしさの平均値がデータ・シフト前に比べて低下するでしょう.正確性の低下という形で品質の劣化が現れます.

機械学習ソフトウェアでは訓練データセット LS が一種の仕様になることから,LS と異なるデータ分布にしたがう入力データの取り扱いは,機械学習方式の興味深い研究テーマです.データの性質変化が大きい時,ドメイン・シフト(Domain Shift)ということもあります.また,試験データセット TS の分布が LS から異なる状況を共変量シフト(Covariate Shift)といいます.標本選択バイアスは母集団分布に対して LS のデータ分布に偏りがあることでした.こちらの関連する課題について,データセット・シフト(Dataset Shift)として研究[13]が進められています.

---

[13] J. Quinonero-Candela, M. Sugiyama, A. Schwaighofer, and N.D. Lawrence (eds.): *Dataset Shift in Machine Learning*, The MIT Press 2009.

(a) 敵対擾乱の追加　　　　　(b) ノイズ　　　　(c) 元データ

図 2.3　敵対データ

敵対擾乱

深層ニューラル・ネットワーク（DNN）の技術が注目を集め始めた頃，敵対データ（Adversarial Examples）と呼ばれる画像を作成できることがわかりました[14]．一般には「パンダと手長ザル」の例が有名です．私たちが目視する限りパンダに見える画像なのですが，動物画像分類の DNN に入力すると手長ザルに分類されてしまう，という現象です．それも，手長ザルであることの確からしさが 99.3% という非常に高いものでした．この DNN は手長ザルであると確信しているのです．

敵対データは元のデータに敵対擾乱と呼ばれる微小な信号を付加した画像です．図 2.3(a) に MNIST の「6」をひとつ選んで，敵対擾乱を追加して「4」に分類される敵対データの例を 2 つ示しました．薄い霧のようなノイズがかかっていることがわかります．図 2.3(b) も同じような霧がかかっていますが敵対性がなく「6」に分類されます．また，図 2.3(c) は元の「6」の画像です．4 つの画像は，目視では区別しにくいにも関わらず，敵対データ（図 2.3(a)）の分類結果は他と異なります．つまり，敵対データはロバスト性に悪い影響をもたらします．さらに，先の手長ザルの例のように「誤分類結果」の確からしさが高いことさえあります．正確性とロバスト性からみた機械学習ソフトウェア品質の考え方に大きな影響を与えるました．詳しくは第 6 章で述べます．

妨害攻撃

外国の街では，ペンキで落書き（Graffiti）された長い塀を見かけることがあります．このような物体をデジタル撮影した画像を分類する問題を考えます．2016 年頃，交通標識に巧妙な落書きを加えて DNN に誤分類させる実験が報告されました[15]．停止標識（STOP）に黒い矩形を落書きすると，速度制限

---

[14]　I. Goodfellow, Y. Bengio, and A. Courville: Ch.7, Ibid., The MIT Press 2016.

[15]　I. Evtimov, E. Eykholt, E. Fermandes, T. Kohno, B. Li, A. Prakash, A. Rahmati,

(SPEED LIMIT）に誤分類するのです．このような DNN を自動運転の画像分類に用いると，標識を読み違え交通事故を起こすかもしれません．

また，自動運転車は，道路上に描かれた車線境界線を画像認識することで道路の方向を知り，ハンドルの角度を決めます．進行方向に対して斜めに白い破線を路面にペイントし，道路の方向を誤認識させる実験[16]があります．路面の落書きによって，自動運転車が対向車線に入り込むように誘導させられました．

前項の敵対擾乱が目視ではわからない微弱なノイズを利用するのに対して，余分なモノを実世界に配置する攻撃（Content-based Attacks）です．自動運転は何が起こるかわからない外部環境に対応しなければなりません．妨害物による誤認識は，このようなオープンさが関わるアプリケーションへの大きな脅威です．品質問題への大きなリスクといえます．

2.4 繰り返し型開発

従来から開発ソフトウェアの対象が複雑な問題（Complex）の時，少しずつプログラムを作成し機能を確認する繰り返し開発（Iterative Development）の方法が使われてきました[17]．機械学習ソフトウェア開発でも似た方法を採用します．7.1 節も参照して下さい．

2.4.1 訓練時と運用時の違い

本章で，機械学習ソフトウェアの品質を 2 つの観点から説明しました．訓練・学習過程に関わる品質は SQuaRE の製品品質に相当し，予測・推論は SQuaRE の利用時品質に関連します．また，さまざまな劣化の原因があり，予測・推論に関わる正確性とロバスト性が影響を受けることがわかりました（表 2.1）．その原因は，予測・推論プログラム実行時の入力データが，訓練・学習時に想定され

---

and D. Song: Robust Physical-World Attacks on Deep Learning Models, In *Proc. CVPR 2018*, pp.1625-1634, 2018

[16] Tencent Keen Security Lab.: Experimental Security Research of Tesla Autopilot, 2019.

[17] 中谷多哉子，中島震：第 3 章, Ibid., 2019.

ていなかったことです．ここで，2つの問いが生まれます．

2つの問い　　最初の問いは，訓練・学習時に，実行あるいは運用時の状況を把握できるのだろうか，です．把握するということは，訓練データセットとして，運用時の入力データを考慮しておくことです．これは汎化性能と関連し式 (2-6) によって汎化誤差を最小化する解が得られれば良いです．しかし，この母集団分布を具体的に得ることはできません．訓練データセットを整備し式 (2-3) を用いたのでした．

　2番目の問いは，実行あるいは運用時に入力データを検査することができるのだろうか，です．従来のプログラムであれば，実行時検査を行って，不正な入力を検知し除去しました．一方，機械学習ソフトウェアは実行時検査という考え方と相いれない部分があります．素朴には，訓練・学習時に想定していない入力データに対しても，それなりの予測結果を返すこと，といえます．表 2.1 のデータ・シフトの状況は予測確率値や正確性の劣化を生じることなので，予測・推論の実行結果を得て，はじめて判断ができます．予測確率値を監視していれば，そのような状況になっているかがわかります．しかし，敵対データは誤予測にも関わらず予測確率が良い値になるので正確性の劣化からは判断できません．

　差し当たって，敵対データを考えないことにしましょう．第6章に説明するように，敵対データ対策は興味深い話題で精力的に研究が進められています．しかし，完全な解決策は見つかっていません．

探索的な構築　　最初の問いをまとめると，如何にして想定の訓練データセットを整備し，期待性能を示す訓練済み学習モデルを得るか，です．今，事前に評価用データセット ES を準備しておくとします．訓練データセット $LS^{[0]}$ を出発点として訓練済み学習モデル $\vec{y}^{[0]}(W^*; \_)$ を得ます．このモデルから作る $\mathcal{I}_f^{[0]}$ を用いて ES の正解率を調べます．期待通りであれば $LS^{[0]}$ が求める訓練データセットです．期待する性能に達しなければ，$LS^{[0]}$ に多次元ベクトルと正解タグの組 $\langle \vec{x'}, \vec{t'} \rangle$ を追加して $LS^{[1]}$ にします．追加する組は複数かもしれません．そして，$LS^{[1]}$ を訓練データセットとして，$\vec{y}^{[1]}(W^*; \_)$ を求めます．この改良過程を，ES の正解率が期待通りになるまで繰り返します．

　残念なことに，どのような $\langle \vec{x'}, \vec{t'} \rangle$ を追加すれば，ES の正解率が改善するかを知ることは難しいです．試行錯誤の過程を経ることから，訓練データセットの探索的な構築（Exploratory Development）といえるでしょう．蛇足かもしれ

ませんが，正解率100％を目標とすることは妥当でないことに注意して下さい．
つまり，理想的な解を得る式 (2-6) ではなく，近似解を得る式 (2-3) を用いるこ
とが，機械学習の基本的な考え方だったことを忘れないで下さい．

実行監視　　2番目の問いをデータ・シフトの状況に限定します．予測確率値が
低下してきた時，如何にして期待する予測性能を取り戻せるか，です．言い換え
ると，データ・シフトの状況に遭遇した時，期待通りの性能を得るように再学習
（Re-learning）するには，どのようにすれば良いか，です．なお，本書では，訓
練・学習と予測・推論を分けて，2つの独立なステップとしているので，再学習
の作業をバッチ型の機械学習として説明しています．

　今，入力データ $\vec{x}'$ が期待通りの分類結果 $\vec{t}'$ になるのですが，その予測の確か
らしさが悪いとしましょう．このような不具合の状況となった多次元ベクトルと
正解タグの組を多数集めて，$\delta LS = \{ \langle \vec{x}', \vec{t}' \rangle \}$ とします．これを訓練データセ
ット LS に追加すると $LS' = LS \cup \delta LS$ で，LS' を訓練データセットとして再学
習すれば良いです．その結果，$\vec{y}'(W^*; \_)$ はデータ・シフトの状況でも良い性能
が得られると期待できるでしょう．

　このデータ・シフト対策では，運用時の実行監視（Runtime Monitoring）を
行います．この時，入力データ $\vec{x}'$ の予測確率が悪いからといって，直ちに，
データ・シフトが生じていると結論することは危険です．そもそも，$\vec{x}'$ は低い
確率値になるべきデータだったかもしれません．つまり，δLS として保持すべ
きかを自動的に判断することは難しいです．アプリケーションの目的あるいは利
用者の価値に基づいて，運用管理者が決めるべきです．

2.4.2　継続運用品質

　機械学習ソフトウェア開発は，訓練データセットの整備と予測・推論結果の監
視を交互に繰り返し実施して，期待通りの訓練データセットと訓練済み学習モデ
ルを得ることといえます．このような過程を通して，期待する品質を達成するわ
けです．前節までに述べた品質の2つの観点，2つのプログラム $\mathcal{L}_f$ と $\mathcal{I}_f$ に着
目した2つの品質ビューだけでは片手落ちです．そこで，本書では，3つめの品
質ビューとして，継続運用品質を考えることにします．

適応保守　　長い期間にわたって運用するソフトウェア・システムでは，継続

運用を支える仕組み作りが重要なことがわかっています．ソフトウェア保守
（Software Maintenance）とか進化発展（Software Evolution）と呼ばれる技術
テーマとして検討されてきました[18]．適応保守（Adaptive Maintenance）と呼
ぶこともあります．

　一般に，ソフトウェア開発では，最初にシステム要求を整理し，その要求仕様
を満たすプログラムを開発します．要求仕様を明らかにすることが困難な複雑
な問題に対しては，アジャイル・ソフトウェア開発（Agile Software Develop-
ment）などの方法が採用されることが多いです．これは，段階的にプログラム
を作り動作を確認しながら，機能を拡充して，期待する要求仕様を満たすプログ
ラム開発技法です．繰り返し追加型の開発によって，利用者が満足する機能を実
現するわけです．

　ソフトウェア・システムの運用開始後にも，システムへの期待や要求が変化す
ることが多いです．特に，長期運用するシステムでは，利用者が満足する機能を
提供し続けることが不可欠です．このような変化に対応する必要から，ソフト
ウェアを改変します．変化への適応が目的であり，適応保守と呼ばれます．つま
り，運用開始後であっても，繰り返し追加型の開発を伴うことになります．

開発工程の境界　　そこで，ソフトウェア開発の方法として，要求獲得とプログ
ラム開発の境界をなくすアジャイル・ソフトウェア開発，開発作業と運用後の
適応保守の境界をなくす DevOps（Developments and Operations）が提案され
ました．1970 年代の計画駆動型によるウォーターフォール型開発は，ソフトウ
ェア開発工程を明確に分けて作業管理する方法でした．これに対して，アジャイ
ル・ソフトウェア開発や DevOps は，工程の境界をなくすことで複雑さを乗り
切る新しい方法論です．

　以上から，機械学習ソフトウェアの品質を，製品品質，予測性能品質，継続運
用品質の 3 つの視点[19]から考えることになります．機械学習ソフトウェア開発
は，データセットの重要性から統計的な考え方が土台になるという点で，従来の
ソフトウェアと異なる特徴を持ちます．一方で，継続運用を支える仕組みが，そ
の品質に大きく影響するという点は，開発工程の連続性を重視する最近のソフト

18)　中谷多哉子，中島震：第 15 章，Ibid., 2019.
19)　S. Nakajima: Quality Assurance of Machine Learning Software (an invited talk), In
Proc. GCCE 2018, pp.601-604, 2018.

ウェア工学の研究方向と共通しています.

2.5 特徴のまとめ

本章のまとめとして,機械学習ソフトウェアの特徴を整理しておきます.

2.5.1 プログラムの品質検査の観点から

第3章以降で機械学習プログラムの品質検査について考えますが,その前に,どのような課題があるのか整理しておきましょう.

テスト不可能プログラム 訓練・学習プログラム $\mathcal{L}_f$ は,簡単にいうと,訓練データセット LS を入力し,重みパラメータの値 W^* を出力します.この W^* が,訓練済み学習モデル $\bar{y}(W^*; {}_-)$ の機能振舞いを決めます.

通常,あるプログラム $F(x)$ が期待通りに作動するということは,特定の入力データ a に対する正解値 C_a がわかっていて,$F(a)$ が C_a に一致するかを調べられることです.では,$\mathcal{L}_f$ は,この検査可能の条件を満たすでしょうか.素朴に考えて,正解値の W^* が既知であれば,何も訓練・学習する必要はありませんね.この値を使えば,直ちに $\bar{y}(W^*; {}_-)$ を得ることができます.つまり,$\mathcal{L}_f$ は代表的なテスト不可能プログラム(Non-testable Programs)[20]です.

既知の未知 次に,予測・推論プログラム $\mathcal{I}_f$ の入出力を調べましょう.特定の運用時データ $\bar{a}$ を入力して,その分類確率からなるベクトル $\bar{p}_a$ を出力します.簡単に最大確率の分類カテゴリ c_a^* だけに注目しましょう.$\mathcal{I}_f(\bar{a})$ の機能振舞いは $\bar{y}(W^*, {}_-)$ に依存します.したがって,$\mathcal{I}_f(\bar{a})$ の実行以前に W^* が確定していることが,c_a^* の正解値が既知なことの前提です.

たとえ確定していたとしても,やはり c_a^* は不明かもしれません.先に述べたように W^* の値は訓練データセット LS に依存します.つまり,c_a^* の正解値は LS の違いによって異なるわけです.いえることは,$0 \leq c_a^* \leq 1$ ということだけでしょう.このような不確定さのある検査対象は,正解値が既知の未知(Known

---

[20] E.J. Weyuker: On Testing Non-testable Programs,*Computer Journal*, 25(4), pp.465-470, 1982.

表 2.2　データ分析手法の比較

	半減期問題	MNIST 問題
対象	測定データ	画像データ
	時点，カウント	ピクセル群，正解タグ
データ量	$>$ 数 100	60, 000
モデル	線型式（1 次式）	多変数非線形関数 †
自由度	2	$>$ 数万 †
最適化	2 次関数	非凸問題 †
解法	連立方程式	勾配降下法
最適解	存在	不明 †

Unknowns)[21]です．

　以上をまとめると，$\mathcal{L}_f$ と $\mathcal{I}_f$ は入力に対する正解値がわからないプログラムです．このようなテスト不可能プログラムの検査法を確立することが技術的な課題です．

2.5.2　データ分析手法の観点から

　半減期の問題と MNIST の手書き数字分類問題で用いた方法をデータ分析手法の観点で比較し表 2.2 に整理しました．この比較は厳密なものではありません．物理実験のデータ分析と統計手法を用いた機械学習法の大まかな比較です．

過適合　　半減期問題の測定データは時刻あるいは時点と，その時点での単位時間あたりの放射線カウント数です．両方とも単独の値，スカラーです．どのくらいの時間測定すれば良いかは線源となった放射性物質に依存します．実験中，計測値を片対数グラフにプロットしながら，いつまで測定するかを決めていくのでしょう．ここでは数 100 程度と考えておきます．モデルは半減期という物理的な性質から，時点を変数とする線型式で表せます．1 次式ですので決めるべきパラメータ数，自由度は 2 です．測定データの数は自由度よりも極めて大きいので過適合が生じる心配はありません．

　MNIST 問題のデータは，画像を構成する画素（ピクセル）のベクトル表現です．画像は 28×28 の大きさなので 784 次元のベクトルで，画像ごとに正解タ

---

[21] S. Elbaum and D.S. Rosenblum: Known Unknowns - Testing in the Presence of Uncertainty, In *Proc. 22nd FSE*, pp.833-836, 2014.

グが付与されており，60,000 個の訓練データセットが提供されています．この分類学習タスクで用いる学習モデルは 784 変数の非線形関数を表すニューラル・ネットワークです．普遍近似定理によって多様な関数を表現できますので，MNIST 手書き数字の分類が可能なくらいの能力を持つと考えます．学習モデルを決めると，重みパラメータを定義でき，その結果，自由度も決まります．ここでは，自由度を数万としましょう．訓練データセットの大きさが 60,000 ですので，学習モデルの自由度のほうが大きいことがあります．つまり，過適合が生じるかもしれません．

　なお，統計学では，対象データに対して選択したモデルが適切かを調べる指標として，赤池情報量規準 AIC などの方法[22] が知られています．残念ながら，ニューラル・ネットワークは，統計学の方法が前提とする性質である漸近正規性（Asymptotic Normality）を満たさないことから，情報量規準によるモデル選択は困難です．

勾配降下法　　次に表 2.2 の後半をみましょう．データの集まりからモデルを求める方法についての比較です．半減期問題ではモデルは 1 次式です．誤差関数の極小値の条件から連立方程式が得られ，これを解いて 2 つのパラメータが計算できます．誤差関数は下に凸の放物線なので，最小値が必ず求まります．

　MNIST 問題では誤差関数は非線形の複雑な式になり，非凸最適化問題（Non-convex Optimization Problems）と云われます．適当な初期値から出発し，勾配降下法にしたがって最適値を数値探索する方法で解を求めます．しかし，この方法で求まる解が誤差関数を最小にするかは不明です．最小であると保証できないことが，理論的にわかっています．

　表 2.2 で記号 † を付した項目は互いに強く関係します．訓練データセットの大きさが自由度よりも大きいので過適合が生じる可能性を排除できません．一方で，適切な初期値からの勾配降下法によって，過適合が起こらない場合が多いことが，経験的にわかっています．

　図 2.4(a) は未定パラメータ a を 1 つとして簡単化した誤差関数 $\mathcal{E}'(a)$ の模式的なグラフです．初期値 $Init^1$ から出発すると，不都合な極小値にトラップされる状況で，正確性の良くない場合に至ります．一方，初期値 $Init^2$ からの探索の

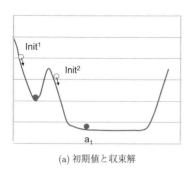
(a) 初期値と収束解

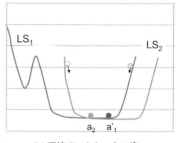
(b) 訓練データセットの違い

図 2.4　誤差関数の形

結果は $\mathcal{E}'(a)$ が妥当な解を持ち，かつ，その妥当な解 a_1 に到達する状況です．

探索の状態空間　　次に，訓練データセット LS を明示した誤差関数に戻ります．$\mathcal{E}'(a) = \mathcal{E}(LS; a)$ としていました．今，仮に，2 つの訓練データセット LS_1 と LS_2 があったとします．$\mathcal{E}(LS_1; a)$ と $\mathcal{E}(LS_2; a)$ の模式的なグラフを図 2.4(b) に示しました．$\mathcal{E}(LS_1; a)$ を基準として考えます．勾配降下法によって解を求めると，初期値の選び方によって，a_1（図 2.4(a)）になることがありますし，a'_1（図 2.4(b)）かもしれません．仮に，$\mathcal{E}(LS_2; a)$ の解が a_2 とします．図 2.4(b) のように，$\mathcal{E}(LS_1; a'_1) \approx \mathcal{E}(LS_2; a_2)$ だと，どちらの訓練データセットを用いても，誤差関数の値は概ね同じです．

　今，LS_1 を訓練データセットとして訓練・学習を行い，a'_1 を得たとします．この時，LS_2 を評価用データセットとして用いると，$\mathcal{E}(LS_1; a'_1) \approx \mathcal{E}(LS_2; a_2)$ ですから，LS_1 に対する正解率と同等になると予想できます．a'_1 と a_2 で同じ程度の誤差関数値に収束しますから，優れた汎化性能である，と結論できそうです．ところが，a_1 を得た場合，LS_1 に対しては良い解ですが，LS_2 の誤差関数値を大きくします．これは LS_1 に対する過学習の場合に相当しそうです．

　LS_2 を訓練データセットとして解 a_2 が求まる場合を考えて，LS_1 を評価用データセットとすると良い性能を得ます．過学習が起こらない，汎化性能にすぐれた解は，図 2.4(b) に模式的に示したように，誤差関数の形ならびに解の探索法に依存すると想像できます．そして，誤差関数の形は訓練データセットの選び方で決まります．

　さて，何故，過学習が起こらないか，理論的にわかっているわけではありませ

ん．先ほど見たように，訓練データセットの選び方と解の探索法に依存しそうなことが推測できます．ところが，ニューラル・ネットワークを用いる機械学習は，理論的な裏付けのある問題ではないのです．何故かうまくいった，というミステリアスな側面があり，この謎めいたところが，多くの研究者を引きつけてきたのかもしれません．

第3章 ソフトウェア・テスティングの方法

プログラムの品質を検査する方法はソフトウェア工学の主要テーマのひとつです．その概要を紹介します．

3.1 テスティングの基本

ソフトウェア・テスティング（Software Testing）はプログラムの品質を調べる現実的な方法です[1)2)]．期待通りの機能振舞いを示すかの確認に，具体的なデータを入力しプログラムを実行するので，動的検査（Dynamic Testing）ともいいます．

3.1.1 欠陥の例

簡単な例（プログラム [3-1]）を用いてソフトウェア・テスティングの方法を説明します．作成したかったプログラムは，入力整数 n の階乗 $n!$ を計算するものです．入力が 4 だと $4! = 4{\cdot}3{\cdot}2{\cdot}1 = 24$ が期待する正解値ですが，いくつかの欠陥が混入してしまいました．buggy(4) を実行すると 11 になります．明らかに不具合で，プログラムに欠陥（バグ）があります．

```
1:  int buggy(int n) {      [factorial]
2:     int s=1;
3:     while (n >= 0) {      [ n > 0 ]
```

[1)] P. Ammann and J. Offutt: *Introduction to Software Testing*, Cambridge University Press 2008.

[2)] 中谷多哉子，中島震：第 11 章, Ibid., 2019.

```
4:        s=s+n;                    [ s=s * n ]
5:        n=n - 1;
6:    }
7:    return s;
8:  }                                                    [3-1][3-2]
```

欠陥は行3と行4です．正しいプログラムを右側に［ … ］として示しました．行3は繰り返し処理を終了する条件式の誤りで制御フローの欠陥ですし，行4は乗算を使うべき計算式の誤りです．2つの欠陥は性質が異なります．一般に欠陥が混入しやすいのは制御フローです．

　プログラム [3-1] が期待通りの計算結果を返すかどうかを検査しましょう．すべての整数値を調べるのは現実的ではないです．整数の中で 0 は特別な値と考えられますから，これを入力してプログラムを実行します．階乗の数学的な定義から正解値は 0! = 1 で，buggy(0) を実行すると期待通りの値を返しました．このように入力データの選び方によっては，プログラムに欠陥があることがわかりません．

　次に，行3と行4の欠陥を修正してプログラム [3-2] とします．階乗を正しく計算するプログラムなので，行1の名前を int factorial(int n) と変えました．factorial(0) も factorial(4) も期待通りの正解値を返します．

3.1.2　テスティングの基本用語

　ソフトウェア・テスティング関連の技術用語を整理しておきます．

テスト・ケース

　本書では，説明を簡単にする目的から，検査対象プログラムを，入力から出力を求める関数で表現します．プログラム [3-2] の int factorial(int n) は，整数から整数への関数です．この例では，検査対象はプログラムですが，一般にソフトウェア・システムを対象とした技術を論じます．そこで，検査対象を System Under Test（SUT）と呼びます．

　SUT への入力データをテスト入力（Test Input）といいます．また，特定のテスト入力に対して，SUT の正解値が既知とします．そして，SUT の実行結果

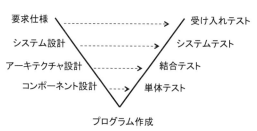

図 3.1 V 字開発モデル

が正解値に合うか否かを調べるテスト・オラクル（Test Oracle）が存在することを仮定します．通常，正解値は，SUT の開発上位の設計仕様書から導出します．あるいは，`int factorial(int n)` のように，数学的な性質のような形で理論的に正解値がわかっている場合もあります．

　テスト入力と正解値を組にして，このような組の集まりをテスト・ケース（Test Cases）と呼びます．一般に，ソフトウェア開発は複数の工程からなり，各工程で仕様書を作成します．たとえば，要求仕様書，設計仕様書，詳細仕様書などです．仕様書ごとに検討する観点が異なることから，検査する目的が違います．工程ごとに，テスト・ケースの役割が異なるともいえます．

　ソフトウェア開発の概要を説明する例として，V 字開発モデルを図3.1 に示しました．分析・設計からプログラム構築までの左側（バックスラッシュ）とその各工程に対応した検査を行う右側（スラッシュ）の関係を中心に整理した開発概要の説明図です．工程によって，検査の観点，準拠する仕様書が異なることを表しています．一方，いずれも，SUT はプログラムです．つまり，ソフトウェア・テスティングは，ソフトウェアという言葉を使ってはいるものの，プログラムを検査対象とする技術です．

テスト網羅基準

　SUT に欠陥があるか否かを調べるには，多数のテスト・ケースを用いた検査が必要になるでしょう．どのくらいのテスト・ケースを調べれば良いかを決める指針がテスト網羅基準（Test Coverage Criteria）です．基準の選び方に幾つかの方法がありますが，基本的には，選んだ基準を 100% 達成することが検査の目標になります．

　理想的には，SUT，つまり検査対象プログラムの原理的に可能な実行経路を
すべて検査して欠陥がないことがわかればよいです．この基準を経路網羅基準
(Path Coverage Criteria) といいます．しかし，SUT の実行経路数が事前に決
まらないこともあれば，経路の数が膨大になることも多いです．一般に経路網羅
基準を 100% 達成することは困難といえます．

　そこで，条件を緩めた基準が用いられてきました．基本的な発想は，プログラ
ムの欠陥が混入することが多い制御フローに着目することです．命令網羅基準は
全ての実行文を少なくとも 1 回は実行することで C0 と呼びます．また，分岐網
羅基準は条件分岐（if 文など）に注目し，条件が成り立つ場合と成り立たない
場合を各々少なくとも 1 回は実行して検査することです．この分岐網羅基準を
C1 と呼びます．なお，これらの基準は，制御フローを分岐グラフで表す考え方
に基づいています．プログラムの実行文と分岐条件式がノードに対応し，実行順
序をアークが表すグラフです．この時，C0 は実行文ノードをカバーし，C1 は
分岐条件式ノードから出ているアークをカバーする基準に相当します．

　簡単なプログラム coverage(x,y,z) を例として，C0 と C1 の違いを見てい
きましょう．このプログラム [3-3] は，網羅性の基準を説明することが目的で，
何か特別な機能を果たすわけではありません．また，簡単な例ですので，テス
ト・オラクルを考えないことにします．

```
         int coverage(int x, y, z) {
           int s, a0, a1;
     1:    s=0;  a0=2*x+y;  a1=x - 3*y;
     A0:   if (a0 >= 2*z)
     2:      { s=z+y; };
     A1:   if (a1 < z)
     3:      { s=4*z; };
     4:    return s;                              [3-3]
         }
```

テスト入力は 3 つの変数の組です．これを $\langle x, y, z \rangle$ と表しましょう．まず，最
初のテスト・ケースのテスト入力を $\langle 2, 6, 2 \rangle$ とします．行 1-2-3-4 を実行する
ので，C0 を満たします．しかし，条件分岐に着目すると，A0 は真となる分岐の
行 2，A1 も真となる分岐の行 3 を実行しており，2 つの条件分岐が偽となる場合

を検査していません. そこで, テスト・ケースを追加して, $\langle 1, -6, 2\rangle$ を実行すると, 行 1-_-_-4 となり, A0 も A1 も条件が偽の分岐を検査できます. 以上, 2 つのテスト・ケースを合わせると, すべての条件分岐を 1 回実行できたことになり, C1 を満たすことがわかりました.

さて, プログラム [3-3] は簡単なので, C0 と C1 を達成するテスト・ケースが容易に見つかりました. 実は, このテスティングでは, テスト入力と検査対象の実行経路について, 暗黙の仮定をおいています. (1) テスト入力を変えることで条件分岐を指定することができる, (2) すべての実行文を少なくとも 1 回は実行できるです. つまり, テスト入力を工夫しても, (1) 実行できない条件分岐がないこと, また, (2) 到達できないプログラム状態がないこと, を仮定しています. テスティング作業を行う際, この仮定を意識することは少ないです. なお, この仮定が成り立たないプログラムの検査用テスト入力を生成することは非常に難しいです. 詳しくは, テスティングの専門書を参照して下さい.

プログラム [3-3] は繰り返し構文がないことから, 検査対象の経路が静的に定まり, 経路数は 4 つです. 既に求めたテスト・ケースに, $\langle -6, 1, 2\rangle$ と $\langle 6, 0, 2\rangle$ を加えると, 経路網羅性を達成できます. この追加した 2 つのテスト・ケースだけでも C1 を達成することは容易にわかります.

3.1.3 ブラックボックス検査

プログラム [3-2] の検査に戻ります. 階乗の性質 $n! = n \cdot (n-1)!$ を変形すると, $(n-1)! = n!/n$ です. ここで, $n = 0$ とすると, 負の整数 $(-1)!$ の計算式が得られるのですが, その右辺は $0!/0 = 1/0 = \infty$ になってしまいます. つまり, 階乗は非負整数 n $(n \geq 0)$ に対して定義されていて, 負の整数は対象外です.

プログラム [3-2] で `factorial(-1)` を実行すると 1 になります. 上に述べた数学の定義通りではないので, 正しいと思っていたプログラム [3-2] も欠陥ありです. この欠陥の原因は, 本来の階乗の定義に関して, プログラムを作成する時, 入力データが非負であるという条件を忘れていたことでした. プログラムの実行経路に着目したテスティングでは不十分なことがわかります.

一般に, プログラムには, 想定通りの機能振舞いを示す前提条件, 事前条件 (Pre-conditions) を明記します. そして, 事前条件が成り立つ時に限って, プ

ログラム本体を実行すると，事後条件（Post-conditions）が成り立つ，としま
す．プログラム [3-2] の事前条件は n >= 0 で，この条件が成り立つ時，事後条
件 n! を満たすということです．

　事前・事後条件を利用したソフトウェア・テスティングは，ブラックボックス
検査（Blackbox Testing）の典型的な方法です．一方，これまでに紹介したテス
ティングの方法は，プログラム内部の作りに着目した方法なので，ホワイトボッ
クス検査（Whitebox Testing）と云われます．

　事前・事後条件を設計仕様として明記する時，事前条件を assumes: *Pre*，事
後条件を ensures: *Post* と表現します．プログラム [3-2] の場合，

> 事前条件：　　assumes: n >= 0;
> 事後条件：　　ensures: n!;

です．

　事前条件を満たすテスト入力によるブラックボックス検査を正常系テスティン
グ（Positive Testing）と呼びます．factorial(0) と factorial(4) は正常系
テスティングの具体例です．いずれも事後条件が成り立つことを確認できます
ので，プログラム [3-2] は設計仕様を満たすといえます．

　ホワイトボックス検査とブラックボックス検査は，テスティングの観点ならび
に目的が異なります．図 3.1 の単体テスト（Unit Testing）は，ホワイトボック
ス検査が主です．一方，これ以外の工程での検査ではブラックボックス検査を行
います．単体テストが既に終わっていること，複数のプログラムから構成される
SUT は大規模化しホワイトボックス検査を行うには複雑すぎることが理由です．
外部へ提供する機能の観点から，プログラムの振舞いを調べるブラックボックス
検査が現実的に有用です．

3.1.4　例外系テスティング

　事前・事後条件の役割を詳しく見てみましょう．プログラム [3-2] は入力デー
タが事前条件 n >= 0 を満たす時，数学上の定義通りの計算結果を返すことを示
します．つまり，factorial(n) をライブラリとして利用するプログラムは，呼
び出し時に n >= 0 を満たす必要があり，その時に限って正しい実行結果を得ら

れるのです.

　一方, プログラム [3-2] 単体に着目すると, 誤って, 事前条件を満たさない呼び出し方をされる可能性を排除できません. そこで, n >= 0 を満たさないデータが入力された時の振舞いを予め検査しておく必要があります. これを例外系テスティング (Negative Testing) といいます. n >= 0 を満たさないデータとして, たとえば factorial(-1) を検査すれば良いでしょう.

　正常系テスティングでは, 事前条件を満たすデータをテスト入力とするので, 事後条件が正解値になります. では, 例外系テスティングの場合, どのようなテスト・オラクルを用いれば良いのでしょうか. コンピュータのシステム障害のような致命的なエラー (Fatal Errors) にならなければ良いかもしれません. プログラム [3-2] の場合, factorial(-1) は 1 になるので致命的なエラーではありません. しかし, 正しい答えではありませんでした.

　プログラムを改良して, 入力データを検査し, 事前条件を満たす時のみ, 階乗の計算処理を実行するようにします. プログラム [3-2] の場合, factorial(-1) の例外系テスティングを行うことで, 次の例のような修正を施すべきことがわかったことになります.

```
1:  int factorial(int n) {
2:    int s = 1;
2.1:  if (n < 0) return -1;
3:    while (n > 0) {
4:      s = s * n;
5:      n = n - 1;
6:    }
7:    return s;
8:  }                              [3-4]
```

行 2.1 を追加して, 入力データが事前条件を満たさない時, 例外的な処理を行うように変更しました. 階乗の値は 1 以上ですので, 有効な結果に対応しない値を何か選ぶことにします. この例では, 事前条件を満たさない場合, −1 を返しました. このように修正した最終版をプログラム [3-4] とします.

　次に, プログラム [3-4] と先に導入したプログラム [3-2] の事前・事後条件の関係をみていきましょう. 一般に, 事前・事後条件の役割を論理式で表すと, $Pre \implies [\ Body\ ](Post)$ となります.「事前条件 (Pre) が成り立つ時, プログ

ラム本体（Body）の実行後の状態で事後条件（Post）が成り立つ」です．そこで，階乗計算の数学的な定義に合わせるように，プログラム [3-4] の設計仕様を事前・事後条件として表しました．例では「n >= 0ならばn!」です．この論理式は *Pre* が成り立たない時のプログラムの振舞いを定義していません．一方，プログラム [3-4] は，−1のような事前条件を満たさない入力があっても不具合を生じないように修正したものでした．

　では，この修正版プログラム [3-4] の事前・事後条件はどのように表現できるでしょうか．負の整数を入力することも許すので，すべての整数を入力データにできますから，事前条件は特にありません．「何でも良い」ことを論理真 true で表しましょう．事後条件は，正常系と例外系で処理結果が異なることを考慮するので少し複雑になります．つまり，n >= 0の時はn!ですが，n < 0の時は常に-1と決めたのでした．以上から事前・事後条件を書いてみます．

```
assumes: true;
ensures: (n>=0 implies n!)  and (n<0 implies -1);
```

事後条件は複雑になりますが，論理式で表現できました．この事前・事後条件をもとにしてテスティングを行うことも可能です．その場合，事後条件には，先の正常系テスティングと例外系テスティングの双方の場合が明記してあることになります．

　さて，事前条件を満たさない（¬*Pre*）入力データでテストすることを例外テスティングとしました．ところが，上記のように事前・事後条件を書き換えると，正常系テスティングのテスト入力も例外系テスティングの場合も事前条件 (*true*) を満たします．2通りのテスティングの違いは技術的な問題ではなく感覚的な差かもしれません．

　なお，これまで例外系テスティングと呼んでいた検査は，負荷テスティングあるいは耐性テスティングという目的から重要になります．以下で説明します．

3.1.5　ランダム・テスティング

　再び，ブラックボックス検査を考えましょう．プログラム [3-2] の正常系テスティングでは事前条件を満たす値，例外系テスティングでは事前条件を満た

さない値，を何らかの方法で選ぶ必要があります．`factorial(n)` の事前条件 `n >= 0` から得られる情報を利用すると，境界値 n=0 を検査することを思いつきます．このような方法でテスト入力を決める手法を境界値分析法といいます．

同じプログラム [3-2] の例で考えると，どのようにして n=0 以外の値を選べば良いでしょう．正常系テスティングでは `n > 0`，例外系テスティングでは `n < 0` だけが既知の条件です．つまり，これらの条件を満たせば，どのような値を用いても良いということです．多くの候補から 1 つを選び出す特段の指針がない場合，事前条件を考慮することを前提としてランダムに選ぶしかありません．ランダム・テスティング（Random Testing）の方法を用いることになります．

通常，例外系テスティングは，正常系テスティングを行って設計仕様通りの機能振舞いを示すことを確認した後に行います．設計仕様で想定していない多様な状況で，致命的なエラーに陥らないことを確認する負荷テスティング（Stress Testing）が目的です．具体的な方法論として，ファズ・テスティング（Fuzz Testing）が知られています[3)]．

ファズ・テスティングはファジング（Fuzzing）とも呼ばれるテスト方法論です．テスト入力データをランダム選択した後，その値を出発点として局所探索することで追加のテスト入力データを求めます．このようなテスト・データをファズ（Fuzz）と命名しました．ファズは，1960 年代から 70 年代にかけて，ハードロックでのエレクトリック・ギター演奏[4)]で流行した歪んだ音のことです．ノイズを工夫したデータで負荷テスティングする，というニュアンスですね．

ファジングは，当初，UNIX オペレーティング・システムが提供するユーザコマンドのプログラム検査に使われました．その後，セキュリティ・ソフトウェアや Web サービス・ソフトウェアのテスティングで実用的に使われています．これらは，オープンなシステムであって，利用のされかたを予め想定することが困難であり，その結果，検査の条件を決めることが難しいという点が共通します．そこで，ファジングが有用なテスティング方法論になりました．

なお，異常終了する状況では，正解値を調べるテスト・オラクルは不要ですが，暗黙のオラクル（Implicit Oracle）と呼ぶことがあります．

[3)] B.P. Miller, L. Fredricksen, and B. So: An Empirical Study of the Reliability of UNIX Utilities,*Comm. ACM*, 33(12), pp.32-44, 1990.

[4)] たとえば，Jimi Hendrix Experience: Are You Experienced?, Track Record 1967.

3.1.6　テスト・ケースの品質

　テスト・ケースを作成する目的はプログラムの品質を検査することです．検査結果が信頼でき検査内容が妥当かはテスト・ケースの品質に依存します．

有用なテスト・データ

　テスト・ケースの品質が良いとは，検査対象プログラムの欠陥を効率よく検出できることです．どこに欠陥があるかわからないので，効率よく欠陥発見を行える可能性が高いこと，というべきかもしれません．

　先に述べたテスト網羅性基準は検査可能なプログラムの経路を定量的に測定する方法でした．もし実行経路上に欠陥があれば，それを見つけることができます．ところが，実用的に用いられている網羅性の基準は，理想的な検査である経路網羅性を満たさない近似的な方法です．網羅性の基準を，たとえば，C0 基準と決めた時，100% となるテスト・ケースがひとつとは限りません．複数のテスト・ケースがある時，どれが有用でしょうか．また，テスト・ケースが不足する時，どのような点に注意してテスト・ケースを追加していけば良いでしょうか．

ミューテーション法

　テスト入力データの有用さを調べる方法として，ミューテーション法[5]が知られています．また，この考え方を応用することでテスト入力を自動生成して検査する方法をミューテーション・テスティング（Mutation Testing）と呼びます．

簡単な例　ミューテーション（Mutation）はプログラムの一部を書き換えて，意図的に欠陥を挿入したミュータント・プログラムを利用する方法です．テスト網羅性基準の説明に用いたプログラム [3-3] を例として，基本的な考え方を紹介します．

　プログラム [3-3] の A1 条件を次のように変更してプログラム [3-5] とします．

```
A1:  if (a1 < z) ⟹ if (a1 > z)
```

---

[5]　R.A. DeMillo, R.J. Lipton, and F.G. Sayward: Hints on Test Data Selection: Help for the Practicing Programmer, *Computer*, 11(4), pp.34-41, 1978.

```
int coverage(int x, y, z) {
  int s, a0, a1;
1:    s = 0;   a0 = 2*x + y;   a1 = x - 3*y;
A0:   if (a0 >= 2*z)
2:      { s = z + y; };
A1:   if (a1 > z)
3:      { s = 4*z; };
4:    return s;
}                                               [3-5]
```

2つのプログラムにデータ $\langle 2, 6, 2\rangle$ を入力すると，$coverage^{[3-3]}(2,6,2) \to 8$ であり，また $coverage^{[3-5]}(2,6,2) \to 8$ なので，実行結果が一致します．つまり，テスト入力 $\langle 2, 6, 2\rangle$ はプログラム [3-3] の C0 を満たしますが，ミュータントのプログラム欠陥を検知できませんでした．

そこで，同じように C0 を満たす別のテスト・データ $\langle 2, 2, 2\rangle$ を入力すると，$coverage^{[3-5]}(2,2,2) \to 4$ になります．ミュータントを区別できました．つまり，$\langle 2, 6, 2\rangle$ だけでは不十分であり，テスト・ケースに $\langle 2, 2, 2\rangle$ を追加しなければならないと結論できます．

ミューテーション操作　ミューテーションの方法を詳しく説明します．この方法には前提条件があります．検査対象プログラム $f(x)$ とテスト入力データの集まり $T_I = \{ x_t \}$ が出発点です．そして，f は T_I の全てのテスト・データに対して期待通りの機能振舞いを示すことが前提です．これは，f に欠陥がないということではありません．その時点で得られていた T_I では，もはや，欠陥がみつからないというだけのことです．

ミューテーション法では，プログラムを部分的に書き換えるミューテーション操作を f に適用してミュータント・プログラムの集まり $F_M = \{ f_m \}$ を得ます．このミューテーション操作によって，f_m に意図的に欠陥挿入（Fault Injection）します．つまり，ミュータント f_m は，どのような欠陥を持つかがわかっているプログラムです．

あるテスト・データ x_t を f とすべてのミュータント f_m に入力し，実行結果を比較します．実行結果が不一致，つまり $f(x_t) \neq f_m(x_t)$ となると，入力したデータ x_t はミュータント f_m に挿入した欠陥を検知できたことになります．このことを「挿入した欠陥をやっつけた（Kill）」といい，x_t は欠陥の発見に役立

つ有用なテスト・データであることがわかります.

この実行比較を，すべてのミュータント F_M に適用することで，次の式で定義されるミュータント・スコア（Mutant Score, MC）を計算します.

$$MC = \frac{検知したミュータント数}{すべてのミュータント数}$$

$MC<1$ の時，T_I のデータでは発見できないミュータントがあるので，テスト・データが不足しています．$MC = 1$ となるように，新しいテスト入力データを追加しなければなりません．

なお，ミューテーション法では，ミューテーション演算が重要です．プログラムの基本的な構成要素を対象として定義するので，プログラミング言語ごとに考案されています．

有用さの背景にある仮説　ミューテーション・テスティングの手順を整理すると次のようになります．検査対象プログラム $f(x)$ とテスト・データの集まり T_I を入力とし，ミュータント・スコア MC を1とするテスト・データの集まり T_I' を何らかの方法で作り，$f(x)$ の T_I' に対するテスト結果を得る，です．

この手順を実現するには，定められたミューテーション操作を，f に適宜適用した多数のミュータント f_m を生成します．次に f_m をコンパイルし実行形式を得て，テスト実行します．コンパイルやテスト実行に時間がかかると，全体として膨大な時間を必要とすることがわかります．このようなことから，1970年代以降，実用的な技術にしようと，さまざまな研究[6]が進められました．

ミューテーション法が有効かどうかは，理論的に示せることではありません．経験的に有用性を確認すべきことです．多くのソフトウェア技術者や研究者が継続してミューテーション法の改善に取り組んできた理由は，実は，提案当初から素朴な2つの仮説を受け入れてきたからです．

ひとつめの「有能なプログラマー仮説（Competent Programmer Hypothesis)」は，プログラマーは，ほぼ正しいプログラムを作成するということです．ほぼ正しいので，混入する誤りは式の中の数値演算や比較演算として良いだろう，と仮定します．ふたつめの「組合せ効果仮説（Coupling Effect Hypothesis)」は，複雑な誤りは基本的な単純ミスが合わさったものということです．

---

[6] Y. Jia and M. Harman: An Analysis and Survey of the Development of Mutation Testing, *IEEE trans. Softw. Engin.*, 37(5), pp.649-678, 2011.

これら 2 つの仮説から，プログラミング言語ごとに，適切なミューテーション演算が整理されました．また，5.3 節で，深層ニューラル・ネットワークの学習モデルに対してミューテーションの考え方を適用する研究事例を紹介します．この基本的な 2 つの仮説が成り立つか，あらためて確認しましょう．

3.1.7 オラクル問題

ソフトウェア・テスティングの技術は実行結果が正解かを調べる方法です．つまり，正解値が既知なことが前提ですが，この条件を満たさない場合があります．2.5 節で整理したように，機械学習ソフトウェアでは，正解値が既知という前提条件が成り立ちません．従来のソフトウェアでも同様な問題があり，一般にオラクル問題[7]と呼ばれるテーマに関連します．

部分オラクル

テスト・オラクルが存在しない場合，SUT 以外のプログラム実行結果を正解値の代わりに使います．これはプログラムが計算した値で，設計仕様書で決められた正解でも理論的な値でもありません．このようなプログラムの実行結果を，ゴールデン出力（Golden Outputs）と呼びます．

SUT を関数と考えて $f_t(x)$ と表記します．また，ゴールデン出力を計算する関数を $f_g(x)$ とします．$f_t(x)$ と $f_g(x)$ は与えられた設計仕様書を実現したプログラムです．何らかの方法で決めた具体的な値 a をテスト入力データとして，2 つのプログラムを実行します．同じ機能を実現したプログラムですので，実行結果が一致すると期待できます．つまり，$f_t(a) = f_g(a)$ です．

$f_t(a) \neq f_g(a)$ となったら，2 つのプログラムのいずれかに欠陥があった筈です．$f_g(a)$ に欠陥があるかもしれないので，$f_t(a)$ に欠陥があるとは限りません．一方，$f_t(a) = f_g(a)$ となっても，欠陥がないと結論することはできません．欠陥箇所を実行しなかった可能性があります．もしかすると，両方に同じような欠陥が混入しているかもしれません．このように，本当に，SUT の検査ができているか明らかではありませんが，テスト・オラクルが存在しないプログラムの検

---

[7] E.T. Barr, M. Harman, P. McMinn, M. Shahbaz, and S. Yoo: The Oracle Problem in Software Testing: A Survey,*IEEE TSE*, 41(5), pp.507-525, 2015.

査に使えそうです.

ここで，SUT を検査するという立場で考えましょう．$f_g(x)$ のゴールデン出力は絶対的な正解ではありません．疑似オラクル（Pseudo Oracle）と呼ばれていました．最近では，$f_t(x)$ と $f_g(x)$ を対等にとらえて，互いに部分オラクル（Partial Oracle）である，といいます.

では，疑似オラクルあるいは部分オラクルの役割を果たす $f_g(x)$ を，どのようにして作成すれば良いでしょうか．以下，デザイン多様性に基づく方法を紹介し，次節でメタモルフィック・テスティングを説明します.

デザイン多様性

デザイン多様性（Design Diversity）は，同じ機能仕様を実現した複数のプログラムを部分オラクルとする考え方です．ソフトウェア工学の教科書では，N バージョン・プログラミング（N-Version Programming）と呼ばれている開発手法を利用します．以下，もっとも基本的な $N = 2$ の場合を考えましょう．2 バージョン・プログラミングですね.

与えられた機能仕様書をもとに 2 つのプログラム $f_1(x)$ と $f_2(x)$ を作成します．まず，2 つの開発チームが独立に作業するような体制を整えましょう．異なる実現方法，アルゴリズムを用います．さらに，異なるプログラミング言語を使うことが推奨されています．単に同じ機能仕様を実現する 2 つのプログラムを作成するのではありません．開発管理を含む方法論です．異なる設計法によってプログラムを作成するので，デザイン多様性といえます.

このように独立に開発された $f_1(x)$ と $f_2(x)$ に同様な欠陥が混入する可能性は小さくなると期待できます．同じ値 a をテスト入力とした $f_1(a)$ と $f_2(a)$ は互いに部分オラクルです.

3.2 メタモルフィック・テスティング

メタモルフィック・テスティングはデザイン多様性と異なり，ひとつのプログラム，つまり，SUT だけを用いる部分オラクルです．複数の異なるプログラム開発が高コストになるという問題を解決しようとしました.

3.2.1　基本的な方法

メタモルフィック・テスティング（Metamorphic Testing, MT）は，数値計算やコンパイラやトランスレータなど，入力に対する計算結果の正解値を予め知ることが難しいプログラムの検査法として提案されました[8]．その後，システム・ソフトウェアやセキュリティ・システムの検査に適用され，機械学習を含む幅広いソフトウェアのテスティング方法論として使われています[9]．

メタモルフィック関係

MT は検査対象に適したメタモルフィック関係を用いるもので，性質ベースのテスティング手法（Property-based Testing Method）の 1 つです．

今，検査対象を関数 $f : D_1 \rightarrow D_2$ としましょう．N 個（$N \geq 2$）の入力 $x^{(n)}$（$1 \leq n \leq N$）と N 回のテスト実行結果 $f(x^{(n)})$ に対する $2N$ 項関係 $\mathcal{R} : D_1^N \times D_2^N$

$$\mathcal{R}(x^{(1)}, \ldots, x^{(n)}, f(x^{(1)}), \ldots, f(x^{(n)}))$$

をメタモルフィック関係（Metamorphic Relations, MR）と呼びます．この MRが成り立たないような入力の組が見つかれば，SUT の $f(x)$ に欠陥があると結論します．

検査の方法論

具体的に MT を適用する際には，先の一般的な MR を制限することが多いです．MR をプログラムへの入力データの関係 T と出力に関わるメタモルフィック関係 Rel_T に分解する方法です．$N = 2$ の場合を考えましょう．

検査対象 f の 2 つの異なる実行結果が満たす関係を $Rel_T : D_2 \times D_2$ とします．Rel_T は，テスト・ケースと同様に，f の機能振舞いに関わる上位仕様から導出されると考えます．この時，次のような関数 $T : D_1 \rightarrow D_1$ を見つけます．

---

[8]　T.Y. Chen, S.C. Chung, and S.M. Yiu: Metamorphic Testing - A New Approach for Generating Next Test Cases, HKUST-CS98-01, The Hong Kong University of Science and Technology 1998.

[9]　T.Y. Chen, F.-C. Kuo, H. Liu, P.-L. Poon, D. Towey, Y.H. Tse, and Z.Q. Zhou: Metamorphic Testing: A Review of Challenges and Opportunities, *ACM Computing Surveys*, 51(1), Article No.4, pp.1-27, 2018.

$$\exists T \in D_1 \to D_1 \ . \ \forall x \in D_1 \ . \ Rel_T(f(x), \ f(T(x)))$$

この関係は，$f(x)$ と $f(T(x))$ の実行結果が関係 Rel_T を満たすように，適切な変換関数 T を見つけなさい，ということを述べています．変換関数 T によって生成されたデータをフォローアップ・テスト入力と呼びます．

MT は，このような変換関数 T とメタモルフィック関係 Rel_T を用いて，

$$\exists x' \in D_1 \ . \ \neg Rel_T(\ f(x'), \ f(T(x')) \ )$$

となるような x' を見つけるテスティング法です．x' が見つかった場合，f に欠陥があると推定できます．見つからなくても欠陥がないとは結論できません．テストした範囲で欠陥の有無が不明ということだけです．

3.2.2 メタモルフィック・テスティングの適用例

簡単な数値計算プログラムを用いて，MT の適用法を具体的に説明します．

三角関数プログラム

三角関数 $sin(x)$ を計算するプログラムを作成して検査しましょう．$sin(\theta)$ は数学的には級数展開で表現できます．

$$sin(\theta) = \sum_{n=0}^{\infty} \frac{(-1)^n}{(2n+1)!} \ \theta^{2n+1}$$

これを近似した有限の多項式（N 次多項式）をプログラム化して $sin(float \ x)$ とします．

検査対象プログラム，つまり SUT は $sin(float \ x)$ です．$sin(\theta)$ は周期性を持つので，入力を $0 \le x < 2\pi$ として検査しましょう．境界値になりそうな値は $x = 0, \ \pi/2, \ \pi, \ 3\pi/2, \ 2\pi$ が考えられ，対応する $sin(x)$ の値は 0, 1, 0, -1, 0 です．これらの値の検査をしても，作成したプログラムに欠陥がないとは言いにくいです．つまり，境界値分析の方法では，質の良いテスト入力を得ることの難しさがわかります．

そこで，たとえば，$sin(7\pi/13)$ を検査で確認すれば，欠陥がないことの確信

が高まります．実際は，三角関数表から正解値を知ることができるかもしれません．今は，そのような正解値がわからないとして，MT を用いる方法を適用します．

メタモルフィック性の例

メタモルフィック性は，三角関数の数学的な性質をもとに整理できます．たとえば，次の 2 つから，T と Rel_T を作ってみましょう．

$$(1)\ sin(\theta) + sin(\theta + \pi) = 0,$$
$$(2)\ sin(\pi/2 - \theta) = cos(\theta)$$

(1) からは次のように考えます．

$$T_{(1)}(x) \stackrel{def}{=} x + \pi,$$
$$Rel_{(1)} \stackrel{def}{=} (sin(x) + sin(T_{(1)}(x)) = 0)$$

です．(2) を MT に利用するには，もう 1 つの関係式 $sin^2(x) + cos^2(x) = 1$ を使います．(2) から $sin(T_{(2)}(x)) = cos(x)$ なので，$sin^2(x) + sin^2(T_{(2)}(x)) = 1$ です．そこで，

$$T_{(2)}(x) \stackrel{def}{=} \pi/2\ -\ x,$$
$$Rel_{(2)} \stackrel{def}{=} (sin^2(x) + sin^2(T_{(2)}(x)) = 1)$$

とすれば良いです．

なお，プログラムが本当に周期性を示すかは，別途，検査する必要があります．

$$T_{(3)}(x) \stackrel{def}{=} x + 2\pi,$$
$$Rel_{(3)} \stackrel{def}{=} (sin(x) = sin(T_{(3)}(x)))$$

として，メタモルフィック・テスティングの方法を使えば良いです．

メタモルフィック・テスティングの例

今，複数の MR を考えました．一般に，テスティングしやすい MR を利用すれば良いです．$Rel_{(2)}$ は 2 乗の計算を必要とし，$Rel_{(1)}$ よりも明らかに複雑に

なります. そこで, $Rel_{(1)}$ によって MT を実施することにします.

　今, $T_{(1)}(x)$ と $Rel_{(1)}(f(x), f(T_{(1)}(x)))$ が整理できました. 具体的にテストするには, 初期テスト入力データ $x^{[0]}$ を決める必要があります. 先に述べた例の通り, $x^{[0]} = 7\pi/13$ とします. この時, フォローアップ・テスト入力は $T_{(1)}(x^{[0]})$ ですから, $x^{[1]} = 20\pi/13$ です.

　作成したプログラム $sin(float\ x)$ を2回実行し, 両者の和を求めます. この和($sin(7\pi/13) + sin(20\pi/13)$)が0になれば $Rel_{(1)}(f(x^{[0]}), f(T_{(1)}(x^{[0]})))$ が成り立ちます. 0にならなければ, $sin(float\ x)$ に欠陥があると推測できます.

　この方法からわかるように, MT 法の特徴は, $sin(7\pi/13)$ と $sin(20\pi/13)$ の具体的な値を知らなくても検査ができることです. しかし, 初期テスト入力データの選び方について, 特別な指針はありません. 多くの場合, 事前条件あるいは入力値の条件($0 \leq x < 2\pi$)を満たすようなデータをランダム生成して, 初期データとします.

　なお, MT は, フォローアップ・テスト入力と MR による部分オラクルを統合したブラックボックス検査の方法論です. MT を何回実施すれば良いかについての指針はありません. 必要に応じて, 既存の網羅性基準を使うことを想定しています.

3.2.3　フォローアップ・テスト入力生成(再考)

　MT の特徴はメタモルフィック性に着目することで, メタモルフィック関係に関心が集まります. 一方, テスティング方法論として興味深いのは, フォローアップ・テスト入力生成の方法です. いくつかの例を通して特徴を見ていきましょう.

不等式のメタモルフィック関係　　先の $sin(float\ x)$ の検査では, 等式関係を利用して Rel_T を定義しました. 他の述語が有用な場合もあります.

　具体例として, 階乗計算のプログラム [3-4] を MT 法で検査することを考えましょう. たとえば, 簡単に $T(n) = n+1$ とすると, n>=0 の場合, factorial(n)*(n+1)=factorial(T(n)) です. 一方, n<0 の時は常に-1としたので, factorial(n) =< factorial(T(n)) が成り立ちます. 以上から, $Rel_T \overset{def}{=}$ ($factorial(n)$ =< $factorial(T(n))$) なので, 不等式関係を用いることになり

ます.

暗黙のオラクルとの関係　例外系テスティングで致命的なエラーになる場合,
正解値か否かを調べるオラクルは不要でした.このような暗黙のオラクルは
MT 法と,どのような関係にあるのでしょうか.

　MT 法では,メタモルフィック関係 Rel_T がテスト・オラクルの役割を果た
します.暗黙のオラクルだと,Rel_T を必要としません.この場合,フォローア
ップ・テスト入力の生成関数 T は,ファズ生成の役割を果たします.つまり,
MT 法は暗黙のオラクルとなる場合でも適用可能であり,生成関数 T の重要性
が増すわけです.

変換関数 T の多重適用　フォローアップ・テスト入力の方法を使って,さま
ざまなテスト入力を系統的に自動生成できます.暗黙のオラクルを考える場合に
有用です.

　SUT の仕様書あるいは理論的な性質から,K 個のメタモルフィック性を見つ
けて,各々に対するフォローアップ・テスト入力の生成関数 T_k $(k = 1, \cdots, K)$
を得たとします.次に,初期テスト入力データ a を選びます.これに K 個の T_k
を適用すると,K 個のデータの集まり $\{ T_k(a) \}$ を得ることができます.さら
に,各々に K 個の T_k 適用すると,K^2 個の集まり $\{ T_{k'}(T_k(a)) \}$ を得ます.こ
の手順を L 回続けると,最大で K^L 個の新しいテスト・データが生成できます.

　特別な場合として,あるひとつの変換関数 T だけを適用して,データの列を
得ることを考えましょう.列 $\langle a, T(a), T^2(a), T^3(a), \cdots, T^L(a) \rangle$ です.変換
関数をひとつだけ用いているので,得られるデータの特徴を把握しやすいです.
4.3 節の例で,この方法を利用します.

3.2.4　データ多様性

デザイン多様性を補完するテスト入力生成法としてデータ多様性[10]の方法が
あります.デザイン多様性によって部分オラクルを得る方法を採用しても,テス
ト入力データの選び方は,別途,考えなくてはなりません.そのようなデータ選
定の指針を性質ベースで与えるのが,データ多様性(Data Diversity)です.メ

---

10) P. Ammann and J.C. Knight: Data Diversity: An Approach to Software Fault Tol-
erance, *IEEE TC*, 37(4), pp.418-425, 1988.

タモルフィック・テスティングの方法と混同されることがありますので，その違いを中心に説明します．

先ほどと同様，三角関数の具体的な例を使いましょう．データ多様性の目的は，多様なテスト入力データを系統的に得ることです．三角関数の加法定理に着目します．

$$sin(\alpha+\beta) = sin(\alpha)cos(\beta) + cos(\alpha)sin(\beta)$$

で，また，関係式 $sin(\pi/2 - \theta) = cos(\theta)$ を用いると，

$$sin(\alpha+\beta) = sin(\alpha)sin(\pi/2 - \beta) + sin(\pi/2 - \alpha)sin(\beta)$$

です．さらに，適当な定数 θ_c を選んで，$\alpha + \beta = \theta_c$ とします．つまり，θ_c を適当な2つの値 α と β に分解することを表します．この分割した値の組 $\langle a, b \rangle$ を用いて，左辺の計算値 $sin(\theta_c)$ と右辺の4回の $sin(x)$ 実行結果から両辺の結果が一致することを調べれば，このプログラムの検査ができます．2つの値として，$a + b = \theta_c$ の条件が成り立つ限り，多様なデータを選べば良いです．このようにして組になるテスト入力を系統的に得ることをデータ多様性による方法といいます．

データ多様性は，正常系テスティングに用いるさまざまなデータを系統的に得る方法を提供することです．データを得る指針を与えるだけで，デザイン多様性による部分オラクルをベースとしたテスティングと組み合わせることが想定されました．また，着目した性質によっては，多数回のプログラム実行を伴います．上記の例では，左辺と右辺で合計5回でした．

一方，メタモルフィック・テスティングは，フォローアップ・テスト入力生成と部分オラクルの実体になるメタモルフィック関係の2つの基本概念を組み合わせたテスティングの方法論です．データ多様性はテスティングの方法論ではなく補助的な手法という点が，両者の大きな違いです．

3.3 統計的なテスティング

オラクル問題が生じるのは，テスト不可能プログラムの場合だけではありませ

ん．確率的な振舞いを示すプログラムでは同一の入力データに対して同じ計算結果を得る保証がなく，テスト・オラクルの考え方に工夫が必要です．

3.3.1 プログラム検査とランダム性

どのようなプログラムが確率的な振舞いを示すのでしょうか．簡単な例で考えましょう．

サイコロ関数

サイコロの出た目を n 倍するプログラム [3-6] を考えます．dice() を呼び出すとサイコロを振って出た目の数を返し，また，呼び出しごとに返却値が異なります．その値に，引数として与えられた値 n をかけ算します．

```
1:   int probabilistic(int n) {
2:     return n*dice();
3:   }                                    [3-6]
```

probabilistic(4) を 16 回実行すると，ある時には，

16-4-8-16-12-20-4-20-8-16-8-20-24-12-8-16

が返されます．またある時は，

4-16-8-12-12-16-20-12-24-16-20-20-12-24-12-8

です．実行するごとに返却値が異なります．このような確率的な振舞いを示すプログラムの正解値は何になるでしょうか．

基本的なソフトウェア・テスティングは，このようなプログラムを対象にしていません．入力を決めたら，いつでも同じ結果を返すことが暗黙の前提です．一方，確率的な振舞いを示すプログラムは，この暗黙の前提条件を満たしません．基本的なテスティングの考え方を変更する必要があります．

3.3.2 不確かさとプログラム

サイコロは確率を説明する簡単な例ですが，確率は不確かさと関係します．不

確かさを取り扱う標準的な方法は確率（Probability）を導入して定量化（Quantify）することだからです．プログラムが関わる不確かさ（Uncertainity）の特徴を3つの観点から整理します．

内在する不確かさ

サイコロを用いるプログラムの処理内容は確率的な挙動を示しました．本質的に，挙動が確定しない不確かさがあると考えられます．

確率過程　都市交通の道路混雑状況，市中での感染症の広がり具合，といった数値シミュレーションのソフトウェアは，時間経過と共に確率変数が変化する確率過程（Stochastic Process）を表現します．サイコロの簡単なプログラムと同様，ソフトウェア・テスティングの方法に工夫が必要です[11]．

思考実験　機械学習ソフトウェアは不確かさを内在するでしょうか．仮想的な方法を想定して思考実験を行いましょう．

2.1 節では，機械学習ソフトウェアを，訓練・学習 $\mathcal{L}_f$ と予測・推論 $\mathcal{I}_f$ の2つのプログラムに分けて考えました．ここでは少し異なる見方を採用し，ひとつのプログラム $\mathcal{ML}_f$ とします．まず，学習モデル $\bar{y}(W;\_)$ は重み値 W が未知とします．具体的な値 W_c に定まると $\bar{y}(W_c;\_)$ は関数ですが，$\bar{y}(W;\_)$ を関数テンプレートとします．2.1 節の標準的な方法では，与えられた訓練データセット LS に対して $\mathcal{L}_f$ が求めた解 W^* を重み値としました．そして，訓練済み学習モデル $\bar{y}(W^*;\_)$ が $\mathcal{I}_f$ の機能振舞いを決める実体でした．

さて，ここで考える新しい見方では，$\mathcal{ML}_f(\vec{x})$ の振舞いが学習モデル $\bar{y}(W;\vec{x})$ で決まるとします．ところが，学習モデルは関数テンプレートです．関数でないので，$\mathcal{ML}_f(\vec{x})$ は予測・推論結果を計算できません．このことを，「訓練データセット LS が未確定なので，$\mathcal{ML}_f(\vec{x})$ が関数として決まらない」としましょう．次に，具体的な値のデータ $\vec{a}$ が入力されると，$\mathcal{ML}_f(\vec{a})$ が具体的な予測・推論結果を返すとしたいです．「適当な LS が何故か決まって，$\bar{y}(W_c;\_)$ が確定し，$\mathcal{ML}_f(\vec{a})$ が関数になる」と考えましょう．

この時，どのような W_c 値を選べば良いでしょうか．LS は未確定ですが，何

11) H. Servcikova, A. Borning, D. Socha, and W.-G. Bleek: Automated Testing of Stochastic Systems: A Statistically Grounded Approach, In *Proc. ISSTA 2006*, pp. 215-224, 2006.

らかの仕組みがあって，W_c が定まるとします．つまり，学習モデル $\bar{y}(W; \_)$ から訓練済み学習モデル $\bar{y}(W_c; \_)$ を決める仕組みが内在していると仮定することです．サイコロを振ると出目が確定するということと似ています．そこで，具体的な値の入力データ $\bar{a}$ が決まると（サイコロを振ると），膨大な可能性のある学習モデル $\bar{y}(W; \_)$（サイコロの 6 つの目）から訓練済み学習モデル $\bar{y}(W_c; \_)$（ひとつの出目）が確率的に定まると解釈しましょう．このように考えると，$\mathcal{ML}_f(\vec{x})$ の振舞いが確率的に定まる，といえます．

現実の深層ニューラルネットワーク（DNN）では，ここで紹介した思考実験のような捉え方をしていません．しかし，DNN は不確かさと関係します．以下に，外界の不確かさ，ならびに，不確かさの利用，という 2 つの面から見ていきます．

外界の不確かさ

不確かさの原因が，プログラムあるいはソフトウェア・システムの外界にある場合があります．

データのゆらぎによる不確かさ 1.3 節の測定データ解析では，自然界（外界）から取得したデータを取り扱いました．データ測定や実験では，非常に多くの条件が絡み合うことから，全く同じ状況を再現することが難しいかもしれません．測定装置として用いた放射線カウンターにも個体差があるでしょう．データ解析プログラムに入力されるデータそのものに誤差があります．

データ解析は，統計的な手法を応用する方法で，この不確かさを確率分布で表す考え方に基づきます．半減期の例では，測定データを線型モデルで説明できるので，最小二乗法によって厳密な解を求めました．より複雑なモデルの場合，勾配降下法をもとにした数値探索で解を求めることになります．

近似としての不確かさ 2.1 節の深層ニューラル・ネットワークの分類学習タスクは，訓練データセット LS をもとに近似的な入出力を求めるものでした．仮に取り扱うデータの母集団分布がわかっているとすると，LS のデータ分布は近似にすぎません．つまり，完全な情報を得ることができない，という不確かさがあります．

訓練・学習の結果として得られる予測・推論は，この近似的な入出力関係にしたがって入力データの分類結果を計算します．その計算結果が表す予測の確か

らしさは，*LS* が完全な情報を持たなかったことによる近似としての不確かさです．他方，予測・推論プログラムは，その計算過程に不確かさはなく，入力に対して出力が一意に定まる決定論的な挙動を示します．計算結果の数値を，分類の確からしさを表す確率値と解釈します．

カオス・エンジニアリング　　インターネット・サービスでは，外界の複雑さに起因する不確かさがあることを前提としてソフトウェア・システムの検査を考えます．具体例として，ビデオ・ストリーム配信サービスを考えましょう．提供サービスを改良する適応保守や進化発展に際して，安定作動することを確認しなければなりません．実際の通信トラフィックに対して調べる必要があり，テスト対象サーバ単独の試験環境での検査では不十分です．

　このような広域分散システム全体と対象としたカオス・エンジニアリング（Chaos Engineering）では，安定状態での振舞い（Stable State Behavior）を示す統計的な指標を導入して，意図的に挿入した疑似故障に対する指標の変化を調べます[12]，システムの複雑さを不確かさとし確率的な取り扱いを導入することで，実施可能な検査の問題に帰着しているといえます．

不確かさの利用

　後に，4.3節で触れますが，機械学習の方式は，数値最適解の探索効率を向上させる方法として，確率を利用することがあります．乱択アルゴリズム（Randomized Algorithms）[13]と云われる方法で，計算量の大きい問題に対して，近似的かもしれませんが，何らかの解を得るまでの平均的な実行時間を大幅に短縮し実行効率を改善するものです．また，深層ニューラルネットワークの訓練・学習では，勾配降下法を拡張した確率的勾配降下法（Stochastic Gradient Descent）を用いることで，良い汎化性能を得られる手法が知られています．

　外界の不確かさとは異なり，数値探索の計算効率や解の質向上を目的として不確かさを利用するものです．詳しくは，機械学習の技術書を参照下さい．

---

[12]　A. Basiri, N. Behnam, R. de Rooji, L. Hochstein, L. Kosewski, J. Reynolds, and C. Rosenthal: Chaos Engineering, *IEEE Software*, 33(3), pp.35-41, May-June 2016.
[13]　玉木久夫: 乱択アルゴリズム，共立出版 2008.

3.3.3 統計的なオラクル

サイコロ関数のような確率的な挙動を示すプログラムの検査法を考えましょう．統計的なオラクル（Statistical Oracles）といわれる方法です[14]．

確率的な挙動を示すプログラムは，テスト入力データが同じ値であっても，実行する毎に出力結果が異なります．この出力結果が確率的な振舞いを示すと考えます．出力値の集まりを $Y = \{y_n\}$ とし，Y を対象に統計的な方法で分析することで，SUT の検査を行います．

この方法は，プログラムの出力結果を測定値と考えてデータ分析することに似ています．検査に利用できる統計指標を求め，その統計指標が期待通りの値であるかを確認します．これを，統計的なオラクルと呼びます．

統計的なオラクルを用いるソフトウェア・テスティングの方法論を統計的なテスティング（Statistical Testing）と呼びます．これは，実行結果の集まり Y（$\{y_n\}$）が正規分布に従うと仮定し，t-検定を応用する方法です．基本的な方法では，期待する正解値 μ がわかっている場合を考えます．検査対象の統計値として求めた Y の平均値が μ に一致しない時，SUT に欠陥があるとします．具体的な推定の方法は，以下で説明する仮説検定を用います．

仮説検定

仮説検定（Hypothesis Testing）は統計的な方法です．基本的な考え方[15]を説明します．以下，統計学の用語にしたがって，データの集まりを標本（Sample）と呼ぶことにします．

標本 $Y = \{y_1, \cdots, y_N\}$ の母集団分布を正規分布 $Norm(\mu, \sigma^2)$ と仮定します．標本平均 $\overline{y}$ と不偏分散 s^2 は

$$\overline{y} = \frac{1}{N}\sum_{n=1}^{N} y_n, \qquad s^2 = \frac{1}{N-1}\sum_{n=1}^{N} (y_n - \overline{y})^2,$$

になります．

---

[14] J. Mayer and R. Guderlei: Test Oracles Using Statistical Methods, In *Proc. SOQUA 2004*, pp.179-189, 2004.

[15] 東京大学教養学部統計学教室（編）：第 12 章, Ibid., 1991.

仮説検定は，母集団分布の平均 μ を既知の正解値とし，標本平均 $\overline{y}$ が μ に一致しないことを推定する方法です．統計的なテスティングの観点で述べると，SUT に欠陥があると推定することです．

帰無仮説（Null Hypothesis）と対立仮説（Alternative Hypothesis）を導入します．基本的には背理法を用い，「帰無仮説が成り立つ状況は統計的に稀なので起こりえないだろう，だから対立仮説が成り立つとしましょう」というものです．具体的には，

$$\text{帰無仮説 } H_0: \quad \overline{y} = \mu$$

$$\text{対立仮説 } H_1: \quad \overline{y} \neq \mu$$

とします．この時，

$$t = \frac{\overline{y} - \mu}{\sqrt{s^2/N}}$$

は，自由度 $N-1$ の t-分布にしたがうことが知られています．また，t-分布を表す確率分布は既知です．なお，t-分布の形は自由度に依存します．

統計量 t は $\overline{y}$ と s^2 から計算されるので標本 Y によって値が変わりますから，添字を付けて t_Y と表すことにしましょう．SUT に欠陥があるか否かで，その実行結果の集まり Y は影響を受ける筈です．つまり，t_Y の値が変わります．t-分布は既知なので，統計量 t の値が t_Y になる確率がわかります．

次に，背理法にしたがって，帰無仮説を否定する論法を進めます．Y から計算した t_Y が，その自由度の t-分布で稀にしか生じない状況の時，帰無仮説が成り立たないとし，対立仮説が成り立つと推定します．具体的には，有意水準 α が与えられた時，t-分布の統計表から $t_{\alpha/2}(N-1)$ を求め，両側検定の方法を用います．$|t_Y| > t_{\alpha/2}(N-1)$ の時，有意水準 α で帰無仮説を棄却します．

なお，ここで述べた仮説検定の方法は，母集団分布が正規分布の場合を想定しています．一般には，SUT の実行結果の集まり Y が正規分布にしたがうとする根拠は何もありません．今，SUT が偏りのない確率的な挙動を示すとして，標本の大きさ N が十分に大きい時を考えましょう．大数の法則により標本平均が母集団分布の平均に近づくこと，また，中央極限定理により近似的に正規分布にしたがうこと，が知られています．したがって，Y が正規分布に十分に近いとして良いとします．

統計的なテスティングの例

サイコロ関数を用いたプログラム [3-6] に欠陥を挿入して，次に示すプログラム [3-7] とします．

```
1:   int probabilistic(int n) {
2:     return n+dice();
3:   }                                                    [3-7]
```

もとのプログラム [3-6] は入力引数 n に対して，n*dice() を計算するものでした．そこで，正解値 μ をサイコロの期待値（統計的な平均値）を n 倍した値とします．サイコロの6つの目は等確率 $1/6$ ですから期待値 μ_{dice} を次のように計算できます．

$$\mu_{dice} = \frac{1}{6}\sum_{i=1}^{6} i = 3.5$$

つまり，プログラムの統計的な正解値は μ = 3.5n になります．

次に，プログラム [3-7] $probabilistic^{[3-7]}(1)$ を 128 回実行し，t-値を求めると，この実行列の試行について $t = 8.59$ で，$probabilistic^{[3-7]}(2)$ に対しては $t = -10.82$ でした．t-分布の統計表を参照すると，極めて稀な状況なことがわかります．そこで，プログラムに欠陥がなく期待通りの値 3.5n を返すとした帰無仮説を否定し，プログラムに欠陥があると結論します．実際，プログラム [3-7] は欠陥を混入させたものでした．

統計的なメタモルフィック・テスティング

確率的な振舞いを示すテスト不可能プログラムでは，正解値 μ がわかりません．メタモルフィック・テスティングと仮説検定による統計的なテスティングを組み合わせれば良いでしょう．

そこで，2標本の仮説検定を応用して，統計的なメタモルフィック・テスティング（Statistical Metamorphic Testing, SMT）[16]が提案されました．基本的な考え方は統計的なオラクルの方法と同じです．簡単に紹介します．

---

[16] R. Guderlei and J. Mayer: Statistical Metamorphic Testing - Testing Programs with Random Output by Means of Statistical Hypothesis Tests and Metamorphic Testing, In *Proc. QSIC 2007*, pp.404-409, 2007.

SUT を $f(x)$ として，初期テスト入力データ a を用いて N 回実行します．その実行結果 $f(a)$ の集まりを $Y^{(1)} = \{\, y_n^{(1)} \,\}$ $(n = 1, \cdots, N)$ とします．次に，フォローアップ・テスト入力データ $T(a)$ を用いて，$f(T(a))$ を M 回実行します．結果の集まりは $Y^{(2)} = \{\, y_m^{(2)} \,\}$ $(m = 1, \cdots, M)$ です．$Y^{(1)}$ と $Y^{(2)}$ は同一の $f(x)$ から得られるのでその母集団の分散は同じとして良いでしょう．そこで，$Norm(\mu^{(1)}, \sigma^2)$，$Norm(\mu^{(2)}, \sigma^2)$ と仮定します．また，各々の平均を $\overline{y^{(1)}}$ と $\overline{y^{(2)}}$，不偏分散を $s_{(1)}^2$ と $s_{(2)}^2$ とします．

$$\text{帰無仮説 } H_0: \quad \overline{y^{(1)}} - \mu^{(1)} = \overline{y^{(2)}} - \mu^{(2)}$$
$$\text{対立仮説 } H_1: \quad \overline{y^{(1)}} - \mu^{(1)} \neq \overline{y^{(2)}} - \mu^{(2)}$$

この定義では，$\mu^{(1)}$ と $\mu^{(2)}$ を仮の正解値としました．$\Delta = \mu^{(1)} - \mu^{(2)}$ として，統計量

$$t = \frac{\overline{y^{(1)}} - \overline{y^{(2)}} - \Delta}{\sqrt{s^2/N + s^2/M}}$$

を導入できます．ただし，s は次の式で与えられます．

$$s^2 = \frac{(N-1){s_{(1)}}^2 + (M-1){s_{(2)}}^2}{N + M - 2}$$

メタモルフィック関係として等価関係の場合を考えると，$\mu^{(1)}$ と $\mu^{(2)}$ が一致する筈です．つまり，$\Delta = 0$ の場合の統計量 t を計算すれば良いです．

自由度 ν は $N + M - 2$ です．この時，$t_{\alpha/2}(\nu)$ から，有意水準 α の両側検定を行って，帰無仮説を棄却できれば，テスト対象プログラム $f(x)$ に欠陥があると推定します．

ソフトウェア・テスティングと仮説検定（再考）

統計的なオラクルはソフトウェア・テスティングの標準的な教科書[1] の内容を超える新しいテーマです．基本とする仮説検定には，ソフトウェア・テスティングと共通する考え方が見られます．

ソフトウェア・テスティングはプログラムの品質を調べる現実的な方法で，産業界で標準的に使われています．ところが「プログラム検査は，バグを発見する

効果的な方法になり得る一方で，欠陥がないことを示すことは絶望的なくらい適切でない」[17]と云われます．テスティングによって不具合が生じれば，プログラムに欠陥があることがわかりますが，不具合が生じない場合であっても欠陥がないと断言できません．欠陥箇所をテスト実行していないかもしれないからです．やはり，欠陥がないことを示せるわけではありません．

　仮説検定による議論は，背理法に基づくものだったことを思い出して下さい．正解に一致する可能性が極めて低いから欠陥があるに違いない，というものでした．逆に，正解に一致して帰無仮説が棄却でなくても，欠陥がないと断言できません．これは，先に述べたソフトウェア・テスティングと欠陥の関係と同じです．仮説検定による統計的なオラクルの方法は「欠陥がないことを保証できない」ソフトウェア・テスティングの考え方と整合しています．計算結果の集まりが確率的な振舞いを示すプログラムを検査する時，仮説検定を応用するアプローチが自然な発想として出てきたといえます．

　なお，E.W. ダイクストラは，先の言葉に続けて，プログラム作成後の事後検査による品質保証が難しいことを論じ，プログラム開発と正しさの証明を同時に行うことを提案しました．「構築からの正しさ（Correct by Construction）」と呼ぶ考え方に整理されて，形式手法（Formal Methods）と呼ばれる技術の研究につながりました[18]．一方で，ビッグデータ・アナリティックスや本書のテーマである機械学習は，与えられたデータから有用な情報を導き出すソフトウェアです．数学的な証明の対象になり得るような厳密な仕様表現を持ちません．事後検査に頼らざるを得ないといえます．

---

[17] E.W. Dijkstra:The Humble Programmer, *Comm. ACM*, 15(10), pp.859-866, 1972.
[18] 中谷多哉子，中島震：第 9 章，Ibid., 2019.

第4章　データセット多様性

　機械学習ソフトウェアの品質を議論する立場から，分布に偏りのあるデータセットの影響を見ていきます．

4.1　データセット品質定義の難しさ

　機械学習プログラム品質は訓練データセットに依存します．どのようにデータセットの品質を考えれば良いのでしょうか．

4.1.1　分布の偏り

　訓練・学習の方法は式 (2-5) のように，訓練データセット LS の経験分布 ρ^{EMP} の下で，予測・推論の結果と正解タグの誤差 $\ell(\_, \_)$ の期待値を最小化することでした．得られる訓練済み学習モデル $\bar{y}(W^*; \_)$ は LS のデータ分布に影響されます．適切な訓練データセット LS を構築すれば，期待する品質の機械学習ソフトウェアを得ることができるといえます．

　その前に，そもそも，どのような分布が「適切なのか」を考えます．素朴には，偏りのない分布[1]が好ましいこと，つまり，母集団分布 ρ に対して偏りがないことでしょう．ところが，母集団分布 ρ がわからないから，訓練・学習で LS を用いました．そして，LS を大きくすれば，つまり，膨大な数の訓練データを集めれば，ρ^{EMP} が ρ を良く近似すると考えました．統計学で知られている大

---

[1]　V. Lopez, A. Fernandez, S. Garcia, V. Palade, and F. Herrera: An Insight into Classification with Imbalanced Data: Empirical Results and Current Trends on Using Data Intrinsic Characteristics, *Information Science*, vol. 250, pp.113-141, 2013.

数の法則が成り立つと仮定していたのです．一方，多数の訓練データを集めても，偏りが生じるかもしれません．

4.1.2 偏りのある MNIST の実験

訓練データセットの選び方によって，どのような結果を導くかを簡単な実験で確かめましょう．MNIST の訓練データセット LS と試験データセット TS を用います．準備として，LS を正解タグ別の 10 個のデータセットに分割しておきます．$N = 0, \cdots, 9$ として，各々を LS_N とすると，$LS = \bigcup_{N=0}^{9} LS_N$ で $LS_N \cap LS_{N'} = \emptyset$ （$N \neq N'$）です．TS も同様に 10 個（TS_N）に分割します．

正解タグがひとつの訓練・学習

ある N，たとえば，6 を選び，LS_6 と TS_6 を用いて訓練・学習を行います．誤差関数と正解率を監視していると，適切に訓練・学習が進行することがわかりました．つまり，収束すると共に，100% に近い正解率を達成し，また，汎化ギャップがほとんどないことも確認できました．

予測の確からしさ　　求めた $\vec{y}(W_6^*; \_)$ から予測・推論プログラム $\mathcal{I}_{f6}$ を作成します．次いで，MNIST 試験データセット TS 全体を評価用データセットとして，$\mathcal{I}_{f6}$ の予測分類の確からしさを調べます．

TS_6 のデータ $\vec{x}_6^{(k)}$ を入力すると $\mathcal{I}_{f6}(\vec{x}_6^{(k)})$ は期待通りの予測の確からしさ，つまり，「6」となる確率が 1 に近い値を示します．では，「6」以外，TS_N（$N \neq 6$）のデータに対する結果は，どうなるでしょう．LS_6 で訓練したので，素朴に考えると，$\vec{x}_N \in TS_N$（$N \neq 6$）を分類する情報を持っていない筈です．どの数字かを決めることができなくて，$\mathcal{I}_{f6}(\vec{x}_N)$ は均等な確からしさになると予想できそうです．「6」と異なる 9 つのラベルが均等だとすると，$1.0/9 = 0.11$ 程度の値ですね．

信号の存在　　実験によると，TS のすべてのデータについて，1.0 に近い確率値で，「6」と予測する結果になりました．先に予想した素朴な解釈と異なります．何故でしょう．

理由は簡単です．LS_6 を訓練データセットに用いると $\vec{y}(W_6^*; \_)$ は「入力に何かの値があると『6』である」ことを学習します．したがって，TS の全ての

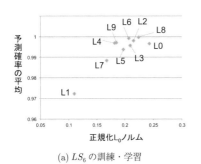

(a) LS_6 の訓練・学習

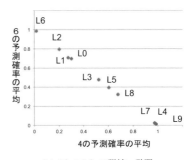

(b) $LS_6 \cup LS_4$ の訓練・学習

図 4.1　分類確率の変化

データに対して「6」の確率が 1.0 に近い値を返したのでした．訓練・学習に用いるデータセットが適切でないと「何かの一つ覚え」のような感じですね．

「何か信号がある」ことは L_0 ノルムを計算することで確認できます．L_0 ノルムは 0 でない成分の数（6.2 節参照）ですから，この値が大きいと信号の数が多いことになります．図 4.1(a) は横軸に正規化 L_0 ノルム，縦軸に分類結果を「6」と予測した確からしさ（予測確率）の平均値を示しました．ここで，正規化 L_0 ノルム n は，L_0 の値を 784 で割って，$0 \leq n \leq 1$ とした値です．「1」や「7」は「6」に比べると，数字パターンを構成するピクセルの数が少ないので，L_0 ノルムの値が小さいです．その結果，分類を「6」とする予測確率が他の入力データに比べて小さくなったと考えられます．「入力に何かの値があると『6』である」という直感的な理解を説明しているようです．

2 分類の訓練・学習

実験を続けましょう．次は，$LS_6 \cup LS_4$ と $TS_6 \cup TS_4$ を訓練・学習で使います．得られた $\mathcal{I}_{f6 \cup 4}$ を用いて，上と同じように，TS のすべてのデータを使って評価します．

2 種類の画像　TS の内，TS_6 のデータは予測結果が「6」になる確率が大きくなり，TS_4 のデータは「4」の確率が大きくなります．正解タグごとに，予測確率の平均値を計算すると，6-2-1-0-3-5-8-7-4-9 と並びました．なお，4 と 9 の平均確率は，ほとんど同じです．$\mathcal{I}_{f6 \cup 4}$ は，2 と 6 が近いとする一方，4 と 9 が近いと判断しているようです．

横軸に「4」，縦軸に「6」とする予測確率をプロットした図 4.1(b) をみて下さい．どの手書き数字であっても 4 か 6 のいずれかに分類されるとすると，両者の合計は 1.0 に近くなり，ほぼ直線にのるはずです．実際，図 4.1(b) は，そのようになっています．

データ・シフト　　　$LS_6 \cup LS_4$ を訓練データセットにしたので，これは，分類対象の手書き数字が「4」か「6」の分類学習タスクを考えていることになります．今，このようにして得た $\mathcal{I}_{f6 \cup 4}$ を運用しているとしましょう．その運用中にデータ・シフトの状況が生じて，「3」や「9」の手書き数字データが入力されたとしましょう．

図 4.1(b) によると，「3」は「4」や「6」と異なる値です．つまり，予測の確からしさを調べると入力が「4」や「6」でない別の手書き数字データと推測できます．ところが「9」をみると，その予測の確からしさは「4」の場合と変わりません．「9」と「4」が区別つかないですし，「9」が入力されたことさえわかりません．

なお，この誤判断は，敵対データに似た状況ですが，もともと訓練・学習時に「9」の情報がなかったことを思い出して下さい．$\vec{y}(W_{6 \cup 4}^*; \_)$ が「入力の『6』と『4』の違いが何なのか」を学習したと考えると，TS_9 のデータが相対的に「6」よりも「4」に近い情報を持っていただけです．図 4.1(a) から L_0 ノルムで調べると，「9」は「4」に近いことがわかります．目視上「9」は「4」と異なりますが，その違いは「4」にノイズがかかった程度と判断されたのかもしれません．

MNIST 訓練データセットとの比較　　　この $\mathcal{I}_{f6 \cup 4}$ の結果を MNIST 訓練データセット LS 全てを用いて訓練・学習した場合の $\mathcal{I}_f$ と比較します．$LS_6 \cup LS_4$ $\subset LS$ ですから，$\mathcal{I}_{f6 \cup 4}$ と $\mathcal{I}_f$ は，「4」と「6」について同じ情報を利用して訓練・学習しています．では，TS_4 と TS_6 を評価データとして用いると，$\mathcal{I}_{f6 \cup 4}$ と $\mathcal{I}_f$ は同じ結果を返すでしょうか．

$LS_6 \cup LS_4$ と LS という訓練データセットの違いが影響しなければ，予測結果の確からしさの平均値 μ が同じになるでしょう．そこで，$\mathcal{I}_{f6 \cup 4}$ と $\mathcal{I}_f$ に対する平均値と不偏偏差を各々 $\mu_{6 \cup 4}$ と μ_{LS} および $s_{6 \cup 4}$ と s_{LS} として比較します．「4」と「6」の場合の測定値は次のようになりました．

正解ラベル	$\mu_{6 \cup 4}$	$(s_{6 \cup 4})$	μ_{LS}	(s_{LS})
4	0.9847	(0.0074)	0.9399	(0.0012)
6	0.9828	(0.0077)	0.9597	(0.0088)

$\mu_{6 \cup 4} > \mu_{LS}$ となっています．2つの集合の差（$LS - LS_6 \cup LS_4$），つまり「4」と「6」以外の訓練データが，TS_4 ならびに TS_6 の予測確からしさを低下させたのかもしれません．

　繰り返しになりますが，$LS_6 \cup LS_4 \subset LS$ ですから，「4」と「6」については全く同じデータを訓練に用いました．訓練データセット全体としては，LS は「余分な」訓練データが混入したと考えられます．一般に訓練データが不足していると予測確からしさが低下します．何か目的を決めた時，訓練データセットが不足していても，余分なデータを含んでいても，期待通りの結果にならないです．目的に合わせて過不足のない適切な訓練データを準備することが大切なことがわかります．

比率の変化　再び，訓練データを「4」と「6」のみに限定した実験を行います．ただし，訓練データセットの大きさを決めて「4」と「6」の比率を変化させました．つまり，LS_4 と LS_6 を用いて，α の数値を変えた訓練データセット $LS_\alpha = \alpha LS_4 \cup (1 - \alpha) LS_6$ を準備し，$\alpha = 0.2, 0.4, 0.5, 0.6, 0.8$ の場合で訓練・学習させます．そして，試験データセット TS_4 と TS_6 を評価に用いて「4」と「6」の予測確からしさを測定します．

　図 4.2 は横軸を α とし，縦軸に予測の確からしさの平均値をとりました．TS_4 のデータについては正解「4」の確からしさ，TS_6 のデータについては正解「6」の確からしさです．グラフから，α を大きくして，LS_4 の比率を高めると，正解「4」の予測確からしさが単調増加することがわかります．LS_6 についても同様な単調性を示します．

　訓練データセットの大きさを決めた時，比率が大きい訓練データの予測確からしさが向上することがわかります．予測対象データの訓練・学習に寄与する訓練データが多ければ多いほど予測確率が向上するということで，「学べば学ぶほど良い成績が得られます」し「サボれば成績が悪くなる」という直感に合います．

差分の学習　これら3つの簡単な実験から結論するのは乱暴かもしれませんが，少なくとも，訓練データセットのデータ分布の違い（偏り）によって，訓

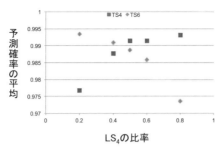

図 4.2　混合比率の変化

練・学習の結果が異なることがわかります．また，分類学習の問題では，異なる
正解タグに対応した訓練データ間の違い，つまり，差分から得られる情報を訓
練・学習するようです．訓練データセットに偏りがあると，私たちの期待と「異
なる」ような差分を学習することがあるといえます．

4.1.3　データセットの要求仕様

　偏りのある MNIST の実験では，訓練・学習に用いるデータを恣意的に選び
ました．その結果，手書き数字分類の機能振舞いが期待通りになりませんでし
た．要求仕様を満たさない機械学習プログラムになった，といえます．

要求分析の方法

　要求仕様を満たす結果が得られるように，訓練データセットを系統的に収集す
る方法論，あるいは作業指針はあるのでしょうか．ソフトウェア工学に，要求工
学（Requirements Engineering）という分野があり，要求仕様に関する技術の
研究が進められてきました[2]．これらの知見が機械学習ソフトウェアでも有用か
どうかはわかりません．検討する価値はありそうです．まず，従来法のひとつを
紹介します．

　要求工学の技術のひとつに，要求仕様を具体化していく系統的な方法がありま
す．対象全体の抽象的な要求項目から出発し，詳細化あるいは具体化していく過

---

2)　中谷多哉子，中島震：第 4 章, Ibid., 2019.

程を，見通しよく表現するものです．木構造で表す方法が有用で，いくつかの手
法が提案されました．手法ごとに，要求項目を整理する観点，要求項目を詳細化
および具体化していく観点，この過程を終了する条件，などが違います．ここで
は，要求文書（Requirements Documents）の方法[3]を取り上げます．

　要求文書の方法では，要求項目を簡潔な 1 文で書き表します．機能（FUN），
環境（ENV），正解（ORC）など，要求項目を整理するのに便利な観点に注目
します．1 つの文を，より具体的な文に分割，詳細化していくと，この過程は全
体として木構造になります．この方法の目的は，開発プログラムの具体的な機能
仕様を整理することでした．機械学習の場合であれば，どのようなデータを収集
するかが整理できるところまで具体化すれば終了すると考えれば良いでしょう．

MNIST の要求項目

　手書き数字分類の問題では，次のような要求文書になると思われます．

```
FUN1：手書き数字 1 文字を分類する
 FUN2.1：1 文字はピクセルの集まりからなるシートである
  FUN2.1.1：ピクセルの集まりはインク・ストロークを表す
   FUN2.1.1.1：ピクセル値は 0〜255 のグレー階調をあらわす
   FUN2.1.1.2：すべてのピクセルは均質である
  FUN2.1.2：手書き文字をシートの中心に配置する
   FUN2.1.2.1：28x28 の大きさとする
  FUN2.1.3：手書き文字を正面に配置する
 ORC2.2：0 から 9 までのアラビア数字を分類する
  ORC2.2.1:手書き数字は 0 を表す
    ・・・
  ORC2.2.10：手書き数字は 9 を表す
 ENV2.3：現代の手書き数字を対象とする
  ENV2.3.1：書き手の性別を区別しない
  ENV2.3.2：書き手は英語国民である
  ENV2.3.3：20 世紀に書かれた手書き数字である
```

このように整理した後，要求文書の木構造の末端に位置する項目を調べます．
FUN2.1.1.1，FUN2.1.1.2，FUN2.1.2.1 から多次元ベクトル・データの仕様が
決まります．ORC2.2.1 から ORC2.2.10 は手書き数字の正解が 0 から 9 のいず
れかであることを示します．ENV2.3.1 から ENV2.3.3 は手書き数字の書き手の
特徴を示唆します．書き手を厳密に規定するは難しいので外部環境依存の項目

---

[3] J.-R. Abrial: *Modeling in Event-B*, Cambridge University Press 2010.

（ENV）としました．以上のような整理の後，手書き数字を収集し，この手書き数字の集まりが MNIST データセットを構成することになります．

先の LS_6 や $LS_6 \cup LS_4$ を訓練データセットとした例は，上記の ORC2.2.7 あるいは ORC2.2.5 と ORC2.2.7 だけを用いて訓練・学習したものです．全体に関わる要求項目 FUN1 に対して偏りのあるデータセットを用いた方法だったことがわかります．

このように，要求文書を予め作成し，どのようなデータセットになるべきかを整理しておくことで，収集したデータセットあるいは訓練に用いるデータセットが，期待する特徴を反映しているかどうかのレビュー作業を行うことができそうです．ここでは要求文書の方法論を使って説明しましたが，他の要求整理手法を利用することも可能でしょう．大切なことは，具体的なデータ収集に先立って，このような要求項目を整理することです．

4.2　データの利用時品質

第 1 章でみたように，データが重要と云われるのは，データから有用な情報を導き出せるからです．そこで，データの品質に対する従来の考え方をみていきましょう．残念ながら，統計的な見方が欠如していることがわかります．

4.2.1　SQuaRE のデータ品質モデル

SQuaRE はソフトウェアの品質モデルを 3 つの観点から整理しています（2.2 節）．プログラムに関する製品品質と利用時の品質ならびにデータ品質です．

データ品質モデルは，コンピュータ・システムが処理対象とするデータの品質特性を整理したものです．データ品質が劣ると，製品品質や利用時の品質での問題として現れます．たとえば，データが欠落している，データが相互に矛盾する，数値データの精度が不足する，などは，期待するプログラムの処理結果を阻害する要因です．このような観察から，SQuaRE は，データそのものに対して評価可能な品質特性とコンピュータ・システムを介して評価するシステム依存の品質特性に分けて整理しています．

実行時検査　機械学習ソフトウェアに，SQuaRE データ品質モデルの方法を当てはめてみましょう．処理対象とするデータの品質特性を議論しますから，運用時に入力されるデータが評価の対象です．たとえば，一部の成分が欠けている多次元ベクトル・データが入力されるなどの状況が考えられます．予測・推論プログラム $\mathcal{I}_f$ が特定機能を提供するコンポーネントとして使われる場合であれば，$\mathcal{I}_f$ を呼び出すプログラムを工夫して実行時検査や欠損値の補完などの機能を実現します．

データセット前処理　次に，訓練・学習プログラムの処理対象となる訓練データセット LS を考えましょう．いくつかのベクトル $\vec{x}^{(n)}$ の j 成分 $x_j^{(n)}$ が無効な値である，正解タグ $\vec{t}^{(n)}$ に誤りがある，といったデータ品質の問題があると，期待する訓練済み学習モデルを得ることはできません．それどころか，訓練・学習処理そのものが進まないこともあります．つまり，SQuaRE が述べていることは，LS のデータに要求される最低限度の品質特性で，訓練データセットを作成する前段階で保証すべき品質です．

　この前段階の問題は，機械学習ソフトウェアだけでなく，従来の統計分析の対象データでも生じます．機械学習ソフトウェアの開発過程では，特に，このような観点から LS の品質を高める作業を，データ・クリーニング（Data Cleaning）とかデータ・クレンジング（Data Cleansing）と呼びます．訓練・学習の観点からは事前に確保しておくべき品質であって，予測・推論に影響するデータ品質とは異なる側面を持ちます．

　なお，実際の機械学習ソフトウェア開発では，このデータ・クリーニングに膨大な工数を要することが問題になり，個別のノウハウや改善策が考案されています．本書の範囲を超えますので，詳しくは，ビッグデータ・アナリティックスや機械学習の実務的な解説書を参照して下さい．

4.2.2　ビッグデータにおける品質モデル

　ビッグデータでは，個別に収集・整理された多数のデータセットを，目的に合わせて統合し分析対象にすることがあります．

データ利用時品質　SQuaRE データ品質モデルの品質特性を見直して，統合分析する際，つまり多数のデータセットを利用する際に，各データセットが持つ

べき性質を整理した研究[4)5)]があります．これをデータ利用時品質（Data Quality in Use）モデルと呼びます．

　データ利用時品質モデルは，SQuaRE のデータ品質特性を評価する視点を3つに整理しなおしたものです．利用局面からの妥当性（Contextual Adequacy）は，データセットが分析目的から見て同等な内容を持つなど，同時に分析対象として扱える均質性を示すことです．時点に関わる妥当性（Temporal Adequacy）は，既に無効となったデータを含まないことなど，データセットが得られた時点が整合していることです．分析操作からの妥当性（Operational Adequacy）は，データセットを分析ツールや方式が均質に取り扱えることです．つまり，処理可能なデータなことです．

訓練データセットの構築　　データ利用時品質モデルの3つの評価の視点は，複数のデータセットを統合してビッグデータを分析することを想定して提案されました．多数のデータを集めて，データセットを構築する際に，元データを評価する視点と考えることもできます．つまり，4.1節で紹介したデータセットの要求仕様を検討する際の視点です．MNIST 手書き数字の要求文書と対応させて考えてみましょう．FUN2.1.1，FUN2.1.2，FUN2.1.3 は対象データの論理的な内容です．これらを具体化したデータは利用局面からの妥当性を満たします．一方，より具体化した FUN2.1.1.1 等は分析操作からの妥当性に関連するでしょう．また，ENV2.3 は時点に関わる妥当性です．たとえば，現代的なアラビア数字の書き方以前の古代のデータを対象としないことなどと関連します．

　ところが，このデータ利用時品質モデルは，データセットのデータ分布を考慮したものではありません．2.3節で触れた標本選択バイアスや4.1節での偏った LS の実験は，いずれもデータ分布に着目した議論でした．そして，2.1節で論じたように機械学習は母集団分布を知ることができないことを前提とした技術です．一般論としてデータセットの品質を評価すること，汎用の評価法を考案することは困難です．品質を論じる目的を明らかにして，その目的に応じて適切なデータ分布を考えることになります．

---

4)　I. Caballero, M. Serrano, and M. Piattini: A Data Quality in Use Model for Big Data, In *Proc. ER Workshops 2014*, pp.65-74, 2014.

5)　M.T. Baldassarre, I. Caballero, D. Caivano, B.R. Garcia, and M. Piattini: From Big Data to Smart Data: A Data Quality Perspective, In *Proc. EnSEmble 2018*, pp.19-24, 2018.

　本章の後半では，訓練・学習に用いるという目的から，訓練データセットの品質を見ていきます.

4.3 分類学習のメタモルフィック・テスティング

　ソフトウェア・テスティングからデータセットの品質問題をみていきます.

4.3.1 テスト入力としての訓練データセット

分類学習のメタモルフィック性　3.2 節に紹介したメタモルフィック・テスティングは，機械学習ソフトウェアの標準的なテスティング法として使われています. 初期の代表的な研究に分類学習タスクを対象とした事例報告[6]があります. その後，サポート・ベクトル・マシン (Support Vector Machines, SVM)[7]などの分類学習プログラムのテスティングで有用な一般的な性質が，表 4.1 のように整理されました[8]. この表では 2 値分類を考えています. 対象のデータとなる K 次元ベクトル $\vec{x}^{(n)}$ は k 成分あるいは k 番目の属性 $x_k^{(n)}$ から構成されます. また，正解ラベル $t^{(n)}$ は ± 1 です.

　この 6 つの性質はフォローアップ・テスト入力生成関数 T を作成する指針になります. ところが，生成関数 T の求め方を直感的に理解できても，系統的な方法ではありませんでした. その後，SVM の場合に，生成関数 T を系統的に導出する手順が整理されました[9]. SVM の問題がラグランジュ形式という数式で表現されるという点に着目したものです.

[6]　C. Murphy, G. Kaiser, and M. Arias: An Approach to Software Testing of Machine Learning Applications, In *Proc. 19th SEKE*, pp.167-172, 2007.

[7]　C.M. Bishop: 第 7 章, Ibid., 2006.

[8]　X. Xie, J.W.K. Ho, C. Murphy, G. Kaiser, B. Xu, and T.Y. Chen: Testing and Validating Machine Learning Classifiers by Metamorphic Testing, *J. Syst. Softw.*, 84(4), pp.544-558, 2011.

[9]　S. Nakajima and H.N. Bui: Dataset Coverage for Testing Machine Learning Computer Programs, In *Proc. 23rd APSEC*, pp.297-304, 2016.

表 4.1　分類学習タスクのメタモルフィック性

Additive	データ点の属性に加算
Multiplicative	データ点の属性に乗算
Permutative	データ点の入れ替え
Invertive	正解ラベルの反転
Inclusive	新しいデータ点の追加
Exclusive	既存データ点の削除

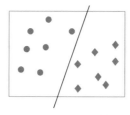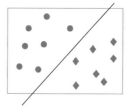

図 4.3　線型分離

4.3.2　サポート・ベクトル・マシン

メタモルフィック・テスティングを SVM を実現したプログラムの検査に適用する事例を具体的に詳しくみていきましょう.

サポート・ベクトル・マシン問題

まず, 図 4.3 を参照して, SVM が対象とする分類学習問題の簡単な例を説明します. ここでは問題を簡単化して, ラベル付きの 2 次元データ点の集まりとしました. 2 次元平面に多数のデータ点が散らばっています. ラベルの異なるデータ点を区分けする境界線を求める問題です. 図 4.3 のように境界線の選び方は幾通りも考えられます.

マージンの最大化　SVM は分離境界線を 2 本の破線の中間に位置するように求めます (図 4.4). 分離境界線と破線の距離をマージン (Margin) と呼びます. また, この破線を定義するベクトル・データは, 分離境界線の理由付けになります. つまり, 分離境界線をサポートするので, サポート・ベクトル (Support Vectors) と呼びます. サポート・ベクトルは最も分離境界線に近いデータ点ですから, マージンは最小距離になります. 整理すると, SVM は, マージンが最

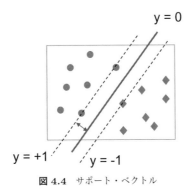

図 4.4 サポート・ベクトル

大となるようなサポート・ベクトルを見つける問題といえます．厳密には，最適化問題として表現できます．

　ここで，対象をラベル付き多次元データの集まりとし，データ点を $\langle \vec{x}^n, t^n \rangle$ とします．分離境界はハイパー面

$$y(\vec{x}) = \vec{w} \cdot \vec{x} + b$$

と表せます．分離境界線は $y(\vec{x}) = 0$ で，2 つの破線は各々 $y(\vec{x}) = \pm 1$ です．図 4.4 の問題は 2 次元ですので，分離境界は直線になりました．

　なお，この例は分離境界を直線で表せ，線型分離可能な問題と呼ばれます．データ点が線型分離できないような分布の場合，カーネル関数を用いて分離境界を求める方法（カーネル法）が知られています．

ラグランジュ形式　　SVM では，分離境界を求める方法をラグランジアンを用いた条件付き最適化問題として定式化します．ここで，ラグランジアン $\mathcal{L}$ を次のようにします．この式 (4-1) は，ソフトマージン SVM に対する双対表現と呼ばれる形式です．

$$\mathcal{L} = \sum_{n=1}^{N} \alpha_n \; - \; \frac{1}{2} \left(\sum_{n=1}^{N} \sum_{m=1}^{N} \alpha_n \alpha_m t^n t^m (\vec{x}^n \cdot \vec{x}^m) \right) \qquad (4\text{-}1)$$

α_n は求めるラグランジュ乗数，$\vec{x}^n$ は多次元ベクトル，t^n はラベルで ± 1 のいずれか，ハイパー・パラメータ C はノイズを許容する指標（ソフト・マージン）を表します．また，$\vec{x}^n \cdot \vec{x}^m$ はベクトルの内積です．この時，SVM の問題は，$\mathcal{L}(\alpha_1, \dots, \alpha_N)$ を最大にするラグランジュ乗数を求めることです．

$$\max_{\{\alpha_n\}} \mathcal{L}(\alpha_1, \ldots, \alpha_N) \qquad \text{s.t.} \quad 0 \le \alpha_n \le C, \quad \sum_{n=1}^{N} \alpha_n t^n = 0$$

このラグランジュ乗数の最適解は Karush-Kuhn-Tucker 条件（KKT 条件）を満たします．3つの条件，

(a)　$\alpha_n = 0$ の時，　　　$t^n \vec{y}(\vec{x}^n) \ge 1$

(b)　$0 < \alpha_n < C$ の時，　$t^n y(\vec{x}^n) = 1$

(c)　$\alpha_n = C$ の時，　　　$t^n y(\vec{x}^n) \le 1$

です．(a) は分離されたデータ点 $\vec{x}^n$ に対応するラグランジュ乗数，(b) はサポート・ベクトルに対応，(c) は分離に失敗したノイズに対応します．

　最適化問題を解くプログラムが停止した時，KKT 条件を調べることで，最適解であるか否かを判定できます．以下で，集合 S はサポート・ベクトルとなった多次元データ $\vec{x}^n$ のインデックスの集まりとします．この時，分離ハイパー面 $y(\vec{x}) = \vec{w}\cdot\vec{x} + b$ は対象となるデータ点の集まりならびに最適解のラグランジュ乗数を用いて，以下の式 (4-2) で表現できます．

$$\vec{w} = \sum_{n \in S} \alpha_n t_n \vec{x}^n,$$
$$b = \frac{1}{|S|} \sum_{m \in S} (t^m - \sum_{n \in S} t^n (\vec{x}^n \cdot \vec{x}^m)) \qquad (4\text{-}2)$$

$\vec{w}$ と b を用いた求める分離境界を表せます．したがって，プログラム検査の観点からすると，KKT 条件を満たさないことは不具合である，と解釈できるでしょう．一方，KKT 条件を満たしても，それが求める正解かはわかりません．SVM プログラムの正解値を予め知ることができないです．

SMO アルゴリズム　　SVM が興味深い分類学習の方法である理由は，カーネル法に加えて，この最適化問題を高速に解くアルゴリズム[10]が発見されたからです．この Sequential Minimal Optimization（SMO）は，多数のデータ点を対象とした最適化問題の式 (4-1) を，任意に選んだ2つのデータ点に対する最適化問題 $\max W(\alpha, \alpha')$ に帰着する方法です．

---

[10]　J.C. Platt: Fast Training of Support Vector Machines using Sequential Minimal Optimization, In *Advances in Kernel Methods - Support Vector Machine*, pp.185-208, 1999.

　SMO 法の詳細説明は，本書の範囲を超えます．ここでは，以下の 2 つの特徴があることだけに触れておきます．(a) 対象とする 2 つのデータ点選択をランダムに行う乱択アルゴリズムであること，(b) $W(\alpha, \alpha')$ を収束するまで繰り返し処理によって解くことです．仮に，数値計算の誤差などによって，想定外のところで収束と判定されたら，得られる解は最適値ではなく KKT 条件を満たさないかもしれません．

SVM プログラムの検査

　SMO 法を実現した SVM のプログラム f を作成したとしましょう．このプログラム $f(LS)$ は入力のデータセット LS に対する分離ハイパー面を求めます．$LS = \{\, \langle \vec{x}^n, t^n \rangle \,\}$（ただし，$\vec{x}^n$ は K 次元ベクトル，t^n は ± 1）として，f の出力値を式 (4-2) の $M = \langle \vec{w}, b \rangle$ とします．

　入力の LS が決まっても，これに対する正解値 M が何かは，最適化問題を解かないとわかりません．f は正解値が未知のテスト不可能プログラムですから，メタモルフィック・テスティングの方法を使います．

　通常は，作成した SVM のプログラムを検査する時，最も簡単な場合から調べます．まず，線型分離可能な標準的なデータセットをテスト入力として用いることにしましょう．そして，プログラムが停止した時点で，KKT 条件が成り立つことを確認します．また，得られた分離ハイパー面が妥当なことを目視等の方法で調べます．多次元データの場合，目視で調べることは困難です．

ラグランジアンの恒等変換

　式 (4-1) のラグランジアン $\mathcal{L}$ が SVM の問題を定義したことを思い出して下さい．$\mathcal{L}$ に着目することで，メタモルフィック・テスティングのフォローアップ・テスト入力関数を系統的に求めることができます．

ラグランジアンとメタモルフィック性　　この $\mathcal{L}$ は，ハイパーパラメータ C を定数として，SVM 問題を定義する情報をすべて持ちます．式 (4-1) からわかるように，分離対象データの集まり $LS = \{\, \langle \vec{x}^n, t^n \rangle \,\}$ に依存します．今，$\mathcal{L}$ を不変に保つように，LS に変更を加えて，LS' を得たとしましょう．LS と LS' は $\mathcal{L}$ が同じですから，LS' に対する出力結果は M に一致する筈です．なお，SMO は乱択アルゴリズムですが，これは，プログラム実行の工夫ですから，こ

のランダム性が求めるラグランジュ乗数の値に影響することがあったとしても，出力値 M が同じ結果になるようにできます．

　この観察に基づくと，次のようなテスティング方法になります．フォローアップ・テスト入力を求める関数 T を見つけて，$LS' = T(LS)$ とします．メタモルフィック関係を $Rel_T(f(LS), f(LS')) = (f(LS) = f(LS'))$ とすれば良いです．そして，表 4.1 を参照して，T を見つけます．この中で，ラグランジアン $\mathcal{L}$ を不変に保つメタモルフィック性は，どれでしょうか．

具体的な検査例　　Permutative はデータ点のインデックスを入れ換える操作です．式 (4-1) は，すべてのインデックスに対して加算していますし，加算は順序を入れ換えても結果が同じですから，Permutative を行っても $\mathcal{L}$ は不変です．また，Invertive は正解ラベルを反転させる操作です．式 (4-1) によると，正解ラベルは2つの乗算の形で現れます．$\pm$ を入れ換えても $t^n t^m$ の符号は変わりません．$\mathcal{L}$ は不変です．

　このように，表 4.1 を参考にして，ラグランジアン $\mathcal{L}$ を不変とする変換 T を求めることができます．求めた変換の各々に対して，メタモルフィック・テスティングの方法にしたがって，関係 $Rel_T(f(LS), f(LS'))$ が成り立つかを調べれば良いです．実験[9] では，これらの T に対して検査対象の f に欠陥は見つかりませんでした．ところが，実際は欠陥があることが以下に紹介する方法でわかりました．

データセットの変形

　繰り返しになりますが，一般に機械学習の問題は，入力のデータセットによって答えが変わります．上記のようにデータを入れ換えても集合としての LS を変えないので，検査が不十分なことが多いです．そこで，表 4.1 の Inclusive 性に着目しました．新しいデータ点を追加するので，データセットの内容が変わります．今，LS が N 個のデータ点からなるとし，追加するデータ点を $\vec{x}^{N+1}$ 等とします．データ点をひとつ追加するのであれば $LS' = LS \cup \{\ \langle \vec{x}^{N+1}, t^{N+1} \rangle\ \}$ となります．

マージン縮小　　具体的に，どのような値の $\langle \vec{x}^{N+1}, t^{N+1} \rangle$ を選べば良いでしょう．SVM の分離ハイパー面が持つ性質を使う方法を検討します．図 4.4 に示したように，分離ハイパー面上のデータ点 $\vec{x}_{on}$ は，関係式 $\vec{w} \cdot \vec{x}_{on} + b = 0$ を満たし

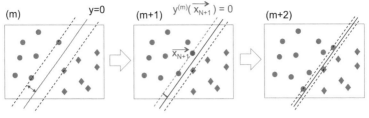

図 4.5　マージン縮小の繰り返し

ます．このデータ点 $\vec{x}_{on}$ を追加したデータセット LS' に対して求めた新しい分離ハイパー面は，現在の分離ハイパー面と並行で，かつ，マージンは $1/2$ です．メタモルフィック関係 $Rel_T^{margin} = (\ margin(LS) = 2 \times margin(LS')\ )$ を利用することです．この方法を，マージン縮小（Reduce Margin）と呼ぶことにしました．

　たとえば，ラベルが $t^s = 1$ のサポート・ベクトル $\vec{x}^s$ をひとつ選んで，その近くに新しいデータ点 $\vec{x}^{N+1}$ を配置します．距離を L_2 ノルムで表して，

$$\vec{x}^{N+1} = \underset{\vec{x}}{argmin}\ \frac{1}{2}(\| \vec{x} - \vec{x}^s \|_2)^2$$
$$\textbf{s.t.}\ \ \vec{w} \cdot \vec{x} + b = 0$$

とします．原理的には，この最適解が求めたいデータ点 $\langle \vec{x}^{N+1}, t^s \rangle$ です．実際は，いろいろな計算方法を用いることができます．

　次に，追加後の LS' に対して，SVM プログラムを実行します．初期データセット LS から得た分離ハイパー面上に新しいデータ点を置いたので，LS' に対する分離ハイパー面はマージンが小さくなります．

暗黙のオラクル　　この過程，つまり，SVM で求めた分離ハイパー面上に新しいデータ点を置いたデータセットを作り，このデータセットに対して SVM を行う過程を繰り返すと，どうなるでしょうか．図 4.5 のように，繰り返しと共に，マージンが小さくなります．実験 では，検査対象 SVM プログラムの SMO 収束判定方法に数値誤差が原因の欠陥があることがわかりました．実際は，マージンを使って定義した Rel_T^{margin} で検査する前に，プログラムが数値計算の不具合で異常終了しました．暗黙のオラクルの場合に相当します．

データセット多様性

　マージン縮小法で行ったことは，一種のコーナーケース・テスティング（Corner Case Testing）です．

コーナーケース　　コーナーケースは境界的な状況を表すテスト入力のことと考えて下さい．通常のソフトウェア・テスティングでは検査対象プログラムの入力データに対する境界値分析を行って，コーナーケースを求めます．一方，マージン縮小法は，Inclusive 性（表 4.1）の具体例で，極端にマージンが小さくなるサポート・ベクトルをデータセットに追加しました．追加前のデータセットから求まる学習結果を利用することで，この検査が可能になったという点に注意して下さい．学習した後に実行してはじめてわかる情報を利用しています．

メタモルフィック・テスティングの方法論　　方法論として，マージン縮小法の本質を整理すると，現在の LS に対する学習結果を利用して LS' を得ることといえます．これを一般化して，データセットに対する学習結果を利用する関数を S とする時，模式的に，次のような Inclusive 性の変換関数 T を考えることができます．

$$LS^{(M)} = T(\ LS^{(M-1)},\ S(LS^{(M-1)})\ )$$

初期データセット $LS^{(0)}$ から T を繰り返し適用することを想定してデータセットに添字 (M) を付しています．具体例として，SVM プログラム検査では，関数 S は SVM の計算結果（式 (4-2)）を利用し，マージン縮小を数回繰り返しました．データセット $LS^{(M-1)}$ に対して得られた SVM の解を $\langle \vec{w}, b \rangle$ とする時，関数 S は先の方法で求めたデータ点 $\langle \vec{x}^{N+1}, t^s \rangle$ を返すとします．そして，$T(LS^{(M-1)}, S(LS^{(M-1)})) = LS^{(M-1)} \cup \{\langle \vec{x}^{N+1}, t^s \rangle\}$ です．

　このように一般化した T の定義を利用する検査の方法は，データセット多様性（Dataset Diversity）によるメタモルフィック・テスティング[11]と呼ばれています．テスト入力がデータの集まり（データセット）である時，データセット内のデータ分布に多様性を持ち込むことです．データセット多様性は訓練・学習プログラムの品質検査を目的としましたが，この考え方を応用して，異なる分布にしたがうデータを用いることを，一般にデータセット多様性による検査という

---

11)　中島震:データセット多様性のソフトウェア・テスティング, コンピュータ・ソフトウェア, 35(2), pp.26-32, 2018.

場合もあります.

4.4　ニューラル・ネットワークの訓練・学習

データセット多様性はニューラル・ネットワーク検査にも応用できます.

4.4.1　手書き数字分類学習タスク

ニューラル・ネットワーク（NN）は，訓練・学習を最適化問題として定式化しますが，特定の目的に限定しない汎用の枠組みです．一方，SVM の場合は，最適化問題が分類タスクを表すので，マージン縮小といった具体的かつ詳細な検査の方法を直ちに考案できました．NN の場合，何か具体的な学習タスクを対象として，データセット多様性を利用したメタモルフィック・テスティングの方法を考える必要があります.

手書き数字の分類学習　　ここでは，具体的な対象として MNIST の手書き数字分類学習タスクを採用します．SVM の場合，マージン縮小の方法で実施したコーナーケース検査では，繰り返し適用によって，正常系テスティングから例外系テスティングまでをカバーできました．例外的な状況を微小なマージンを導くデータセットとして扱えたからです．MNIST を対象とする NN 訓練・学習プログラムの場合に，正常系テスティングならびに例外系テスティングの入力データセットを，どのように構成すれば良いかを考えなくてはなりません．つまり，データセット多様性の具体的な導入方法を検討します.

ノイズと歪み　　図 4.6 は，MNIST の手書き数字とランダム・ノイズからなるデータを示しています．図 4.6(a) は対象とする MNIST 手書き数字ですから，このクリーン・データを正常系テスティングの入力に使えます．例外系テスティングでは，クリーン・データからズレたデータを用いることにして，仮に，図 4.6(b) のようなランダム・ノイズを選ぶとしましょう．ランダム・ノイズは，たしかに，図 4.6(a) とは異なるので，正常系テスティングとして使うのは妥当でないです．ところが，手書き数字と似ても似つかないことから，考えている分類学習タスクと全く関係がないともいえるでしょう．つまり，図 4.6(b) のノイ

(a) クリーン・データ   (b) ホワイト・ノイズ

図 4.6 クリーン・データとノイズ

ズをテスト入力に使っても，検査したい訓練・学習プログラム（手書き数字の分類学習）のテスティングになりません．

例外系テスティング　例外系テスティングで必要なのは，クリーン・データから少しだけズレた歪みデータです．このような歪みデータから作った訓練データセットは対象の手書き数字分類という問題の特徴を反映する一方で，元の MNIST データセットと異なります．歪みの度合いを，うまく制御すれば，SVM に対するマージン縮小と同様に，正常系テスティングから例外系テスティングまでをカバーできそうです．

　次節で，歪みを系統的に導入する方法を紹介します．クリーン・データに追加するノイズを，本書では，セマンティック・ノイズ（Semantic Noises）と呼びます．全くランダムに追加したノイズを一般にホワイト・ノイズ（White Noises）といいますが，このようなホワイト・ノイズは分類予測結果への影響を考慮していません．予測・推論プログラムによってノイズの影響を除去することができる場合があります．一方，ここで紹介する方法を用いると，追加したノイズが分類予測結果に影響を与えます．そこで，セマンティック・ノイズと呼ぶことにしました．

4.4.2　セマンティック・ノイズ

　セマンティック・ノイズを伴うデータは，敵対データの生成方法 L-BFGS[12]を利用して自動生成することができます．なお，敵対データについて，詳しくは 6.2 節を参照して下さい．

---

[12] C. Szegedy, W. Zaremba, I. Sutskever, J. Bruna, D. Erhan, I. Goodfellow, and R. Fergus: Intriguing Properties of Neural Networks, In *Proc. ICLR* 2014, and also arXiv:1312.6199, 2013.

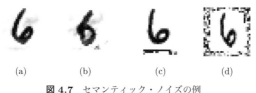

(a)　　　　(b)　　　　(c)　　　　(d)

図 4.7　セマンティック・ノイズの例

条件付き最適化問題　　予め，MNIST のデータセット LS を対象として，訓練・学習プログラム $\mathcal{L}_f(LS)$ により訓練済み学習パラメータの集まり W^* が求められているとします（2.1 節を参照）．この時，元となるデータ $\vec{x}_S$ を準備し，訓練済み学習モデル $\vec{y}(W^*; \_)$ の予測分類結果がラベル t_T になるようなデータを，制約条件付きの最適化問題の解 $\vec{x}^*$ として求めます．具体的には，次のような関数 A_λ を定義します．ここで，$\ell(\_, \_)$ と $\ell'(\_, \_)$ は距離に基づいて導入した損失関数です．

$$A_\lambda(W^*; \vec{x}_S, t_T, \vec{x}) = \ell(y(W^*; \vec{x}), t_T) + \lambda \cdot \ell'(\vec{x}, \vec{x}_S)$$

に対して，次の式

$$\vec{x}^* = \underset{\vec{x}}{argmin}\ A_\lambda(W^*; \vec{x}_S, t_T, \vec{x})$$
$$\text{s.t.}\ \ 0 \leq x_j \leq 1\ \wedge\ \Psi(\vec{x}, \vec{x}_S) \tag{4-3}$$

によって求める方法です．

　関数 A_λ の定義式中，第 1 項は $\vec{x}$ に対する予測結果が指定の正解タグ t_T を再現すること，第 2 項は $\vec{x}$ が元のデータ $\vec{x}_S$ に近いという条件を，各々表します．この時，うまくハイパー・パラメータ λ の値を選ぶと，元データ $\vec{x}_S$ からの差が小さい $\vec{x}^*$ が求まります．得られた $\vec{x}^*$ は，$\vec{x}_S$ と似た画像であり，かつ，t_T に分類させるセマンティック・ノイズを含みます．

　式 (4-3) では，元の最適化問題[12]に，式 $\Psi(\vec{x}, \vec{x}_S)$ を追加しました．この式によって，生成するデータ $\vec{x}^*$ に，補助的な制約条件を指定します．たとえば，図 4.7 のようなセマンティック・ノイズ入りデータを系統的に作成できます．

テスト入力データの生成　　データセット DS を $\langle \vec{x}^{(m)}, t^{(m)} \rangle$ とする時，$\vec{x}^{(m)}$ を元データとして，セマンティック・ノイズを挿入したデータ $\vec{x}^{(m)*}$ を，次の式 (4-4) で得ます．

$$\vec{x}^{(m)*} = \underset{\vec{x}}{argmin}\ A_\lambda(W^*; \vec{x}^{(m)}, t^{(m)}, \vec{x}) \qquad (4\text{-}4)$$

$\vec{x}^{(m)*}$ は元の正解タグ $t^{(m)}$ を再現します．同時に，$\vec{x}^{(m)}$ に相対的な歪みが追加されたと考えられます．ハイパー・パラメータ λ が微小値の時，相対的な歪みの度合いが大きくなります．λ が適切な大きさだと，$\vec{x}^{(m)*}$ に加えたセマンティック・ノイズの影響が小さく，$\vec{x}^{(m)}$ とほぼ一致する画像になるでしょう．

　このようにして求めた歪みデータの全体 $\{\ \langle \vec{x}^{(m)*}, t^{(m)} \rangle\ \}$ を DS' として，データセット多様性を実現します．λ 値の選び方によって，正常系テスティングから例外系テスティングまでをカバーするように，目的に合ったデータセット多様性を実現すれば良いです．5.4 節では，この方法を応用したメタモルフィック・テスティングの事例を紹介します．

第5章 深層ニューラル・ネットワーク検査の実際

　深層ニューラル・ネットワークのソフトウェア・テスティング法確立にむけた研究開発が進んでいます.

5.1 利用時品質の検査

　具体的な事例をもとに, 予測・推論プログラムの検査方法を紹介します.

5.1.1 自動運転の事例

　自動運転向けの画像認識は深層ニューラル・ネットワーク (DNN) の代表的な応用です. 2018年頃, ソフトウェアの著名な国際学会で事例が次々と報告されました. 北米で実際に起こった自動運転車の事故と似た状況を再現した事例もあります. また, これらのDNNソフトウェア・テスティングは, メタモルフィック・テスティング (3.2節) を適用する具体的な事例です. 技術的に重要な知見を含むことから, この検査法を他に適用する際の参考になります.

検査対象プログラムの概要

　高い安心・安全が求められる自動運転車に関連して, DNNの利用機能を2つ考えます. 道路の動線をDNNで認識しステアリング角度を決める機能と走行方向にある物体を認識する機能です. 以下, 代表的な3つの事例報告 (表5.1) を紹介します.

表 5.1　自動運転 DNN のテスティング事例

文献	DeepTest[3]	DeepRoad[5]	Driverless[11]
学習タスク	回帰	回帰	分類
学習モデル	CNN, RNN	CNN	CNN
入力生成	アフィン変換	UNIT(GAN)	ファズ
出力検査	ステアリング角度	ステアリング角度	物体の個数

図 5.1　システム・アーキテクチャ

Udaciy チャレンジ[1]は，自動運転への DNN 応用技術確立を目的とし，挑戦課題を公開し，その解を募集しています．技術開発を広く協力して進めるという立場で，実現する応用機能，訓練・学習に利用する画像データ，挑戦課題に応募された訓練済み学習モデル，などを公開します．表5.1の DeepTest と Deep-Road は，この Udacity が公開している機械学習ソフトウェアの検査を行いました．3つめの事例は Baidu 社が公開している自動運転車向け路上物体認識 CNN プログラム Apollo[2]を対象とした検査結果の報告です．

検査する機能の概要

自動運転の自動車に搭載する DNN コンポーネントを利用した制御プログラムとして，たとえば，図5.1のような入出力アーキテクチャを想定しましょう．DNN コンポーネントは単体で作動するわけではなく，制御プログラムに組み込まれます．走行時に外部から入力されたデータの予測・推論結果を出力し，その出力結果をもとに制御プログラムが必要な計算を行います．

Udacity チャレンジの課題は，車載カメラで撮影したビデオ画像から道路の動線方向を検出し，適切なステアリング角度を計算する回帰学習タスクです．この検査では天候や視界状況を変化させても，制御プログラムが妥当な曲がり角度を

1) https://github.com/udacity/self-driving-car
2) http://apollo.auto/platform/perception.html

計算することを確認しました.

　メタモルフィック・テスティングの方法論に基づいて検査するので，初期テスト・データ，フォローアップ・テスト入力の生成方法，メタモルフィック関係を決めます．初期テスト・データは，公開されているデータセットの画像フレームから選びます．メタモルフィック関係は，DNN コンポーネントの出力結果をもとに制御プログラムが計算したステアリング角度です.

　図 5.1 に合わせると，Apollo が利用する DNN コンポーネントは，赤外線センサー LiDAR を用いて得た道路上の物体情報を入力し，物体の分類結果を出力します．初期テスト・データは公開されている画像フレームです．技術的に興味深いフォローアップ・テスト入力生成とメタモルフィック関係を中心に後に詳しく見ていきます.

5.1.2　テスト入力データの自動生成

　表 5.1 の事例は，フォローアップ入力生成の方法に興味深い工夫があります．これは，従来からのソフトウェア・テスティングでも，テスト自動生成の方法が重要なことと同じです.

テスト入力とデータ補完

　DeepTest[3] は Udacity チャレンジで公開されている訓練済み学習モデルのうち 3 つを検査しました．DNN 学習モデルは，2 つが CNN，ひとつが RNN です．以下，メタモルフィック・テスティングの方法として重要な内容を中心に説明します.

検査の具体的な内容　　検査の目的は，自動運転車が実走行する状況で，妥当なステアリング角度を出力しているかを調べることです．取り扱うデータはビデオ画像ですから，車載カメラの具合によって画像の輝度や光の反射が変わることがあります．また，カメラの撮影角度の違いによって，画像に歪みが生じるかもしれません．さらに，訓練・学習時には晴天あるいは曇り空の下でのビデオ画像を訓練データとして使いますが，実走行時には霧や雪といった天候に遭遇すること

---

3)　Y. Tian, K. Pei, S. Jana, and B. Ray: DeepTest: Automated Testing of Deep-Neural-Network-driven Autonomous Cars, In *Proc. 40th ICSE*, pp.303-314, 2018.

があります。このような多様な天候下の状況を検査する評価用データを系統的に
生成する方法が必要です。

フォローアップ入力生成　　DeepTest は，フォローアップ・テスト入力生成法
として，図形変換に基づくデータ補完（Data Augumentation）の方法[4]を用い
ました。これは従来から機械学習の研究分野で知られている方法で，コンピュー
タ・グラフィックス（Computer Graphics, CG）による手法といえます。たと
えば，画像のピクセル値に強弱を与えればコントラストに変化をつけられます。
アフィン変換を施して撮影画像の歪み補正する方法を応用すると，逆に画像を歪
ませることができます。また，ノイズを付加する方法で霧や雨による視界のぼや
けを画像効果で挿入することも可能です。

　Udacity チャレンジの N 枚の画像を g_i $(i = 1, \cdots, N)$ としましょう。この
g_i に上記のような変換操作を施せば，多数のフォローアップ入力画像 g_i^k を得る
ことができます。元画像による計算結果と比較する $R(g_i, g_i^k)$ をメタモルフィッ
ク関係として検査を実施します。

　ひとつの元画像 g_i から必要な数だけの g_i^k を生成すれば良いのですが，いくつ
生成すれば良いかはわかりません。DeepTest は検査対象のニューロン・カバレ
ッジ（NC）を用いる方法を採用しました。ある g_i から生成した画像 g_i^k が NC
値を増やさなくなれば，この g_i からの一連の検査を打ち切り，次の元画像 g_{i+1}
を選んで検査を続けます。ニューロン・カバレッジは 5.2 節で説明します。

メタモルフィック関係　　メタモルフィック関係 $R(g_i, g_i^k)$ をステアリング角度
に対して定義します。素朴には，入力画像 g に対する DNN の予測結果から計算
したステアリング角度が $\theta(g)$ の時，$R(g_i, g_i^k) \stackrel{def}{=} (\theta(g_i) = \theta(g_i^k))$ とすれば良い
でしょう。しかし，通常，ステアリングには遊びがあり，厳密に定まるものでは
ありません。この等号関係を用いて検査すると，多くの場合，満たされず，誤検
出を多発しそうです。そこで，検査の条件を緩めるのですが，条件が弱すぎる
と，逆に，欠陥を見逃します。

　DeepTest は，検査条件を工夫して，ある程度の誤差を許容するようにしまし
た。どのくらいの誤差を許容して良いかを決めるのは難しい問題です。一方，こ
のような許容誤差の検討は対象依存の問題であって，従来のソフトウェア・テス

[4]　A. Krizhevsky, I. Sutskever, and G.E. Hinton: Imagenet Classification with Deep
Convolutional Neural Networks, In *Adv. NIPS 2012*, pp.1097-1105, 2012.

ティングでも考察すべきことです．DNN のメタモルフィック・テスティングと
独立した検討課題です．

DeepTest のまとめ　もともと，データ補完の方法は，訓練データが不足す
る時，良い正解率を示す訓練済み学習モデルを得る目的で，訓練データ数を系統
的に増やす方法として導入されました．DeepTest はデータ補完の方法を評価検
査時に用いるものです．この方法は検査時補完（Test-time Augumentation）と
呼ばれることがあります．

　データ補完は CG 合成の方法なので高速にデータ生成できます．一方で，現
実にあり得ない状況のデータを生成するかもしれません．このようなデータが不
具合を起こしても，実走行時に決して生じない状況であれば誤検出といえます．
別途，誤検出か否かの確認が必要で，この確認の手間が大きいと，実務上の問題
になります．なお，この誤検出を再確認することは従来のソフトウェア・テスティ
ングでも考えるべきことです．やはり，DNN のメタモルフィック・テスティ
ングとは独立な検討課題です．

GAN によるデータ生成

　DeepRoad[5]は，CG 合成に基づく検査時補完法の短所を，機械学習技術の
GAN を応用して改善しました．先のデータ補完による方法と比べると，自然
な合成画像を得られる方法です．

フォローアップ入力生成　DeepRoad の検査対象は，DeepTest と同様，
Udacity チャレンジで公開された訓練済み学習モデルです．ただし，全く同じ
モデルというわけではないので，DeepTest の結果と直接比較して論じるもので
はありません．

　DeepRoad が用いた敵対生成ネットワーク（Generative Adversarial
Networks, GAN）[6]は，生成ネットと識別ネットの零和ゲームとして定式化さ
れたデータ生成方法です．詳しくは次の節で説明します．また，検査性質はステ

---

5)　M. Zhang, Y. Zhang, L. Zhang, C. Liu, and S. Khurshid: DeepRoad: GAN-Based
Metamorphic Testing and Input Validation Framework for Autonomous Driving Systems,
In *Proc. ASE' 18*, pp.132-142, 2018.

6)　I.J. Goodfellow, J. Pouget-Abadie, M. Mirza, B. Xu, D. Warde-Farley, S. Ozair, A.
Courville, and Y. Bengio: Generative Adversarial Nets, In *Adv. NIPS 2014*, pp.2672-2680,
2014.

アリング角度を対象に定義することから，許容誤差に関連する技術的な課題は，DeepTest の場合と同じです．そこで，以下，テスト入力データ生成方式を中心に見ていきましょう．

Udacity で公開されている検査用の基本的な画像からなるデータセットを DS，既存ビデオから収集した降雨，降雪，霧もやといった天候の画像を WS とします．DS のデータと WS のデータを混ぜ合わせると雪景色などの道路画像が得られます．

DeepRoad は，GAN を拡張した UNIT[7]を用いて，混合した画像を自動生成しました．GAN に基づく方法では，生成したデータの分布の特徴が DS の分布と区別できないことを保証できます．DS の基本的な画像による検査が正常系テスティングを目的とすることを考慮すると，DeepRoad の方法は，きめ細かく検査の条件を整えて検査の網羅性を向上させることに相当します．

先の DeepTest は，フォローアップ・テスト入力生成を続けるか終了するかの条件判定に，ニューロン・カバレッジの方法を応用しました．DeepRoad は，このような条件判定を特に議論していません．一方，GAN に基づくフォローアップ・テスト入力生成の方法に，ニューロン・カバレッジを組み合わせることができます[8]．データ生成法と網羅性基準は独立なテーマなので組み合わせれば良いです．

GAN の方法

GAN は，大変，面白い技術で，今後，さまざまな応用が広がると期待されています．テスティングの話題からそれますが，詳しく紹介します．

先に述べたように，GAN は生成ネットと識別ネットの零和ゲーム[9]として定式化されたデータ生成方法です．データセット DS が与えられた時，GAN は DS のデータ分布にしたがう新しいデータを系統的に生成します．

零和ゲーム　　生成ネット（Generator）は新しいデータを作る DNN です．2 つめの DNN の識別ネット（Discriminator）は生成ネットが合成したデータと

[7]　M.Y. Liu, T. Breuel, and J. Kautz: Unsupervised Image-to-image Translation Networks, In *Adv. NIPS*, pp.700-708, 2017.

[8]　P. Zhang, Q. Dai, and P. Pelliccione: CAGFuzz: Coverage-Guided Adversarial Generative Fuzzing Testing of Deep Learning Systems, arXiv:1911.07931, 2019.

[9]　岡田章：ゲーム理論（新版），有斐閣 2011.

元になった DS のデータが区別可能かを調べます．零和ゲームのナッシュ均衡
解になる時，DS と統計的な性質が区別できない新しい未知データを作り出しま
す．以下，利得関数 $U(W, V)$ の 2 人零和ゲームとして定式化した基本的な考え
方を説明します．

今，生成系 $G(W; \vec{z})$ と識別系 $D(V; \vec{x})$ を各々，重みパラメータならびにデー
タに対して微分可能な連続関数で DNN とします．与えられたデータセット DS
のデータ分布を $\rho1$，生成するデータの分布を $\rho2$ とすると，$D(V; \vec{x})$ はデータ x
が $\rho1$ に属する確率を表し，$G(W; \vec{z})$ が分布 $\rho2$ にしたがうデータを生成するよ
うに構成します．

分布 ρ 下での期待値を $\mathbf{E}_\rho[\ \_\ ]$ で表し，利得関数 $U(W, V)$ を，$G(W; \vec{z})$ と
$D(V; \vec{x})$ を用いて，次のように定義します．

$$U(W, V) \stackrel{def}{=} \mathbf{E}_{\rho1}[\ logD(V; \vec{x})\ ]\ +\ \mathbf{E}_{\rho2}[\ 1 - logD(V; G(W; \vec{z}))\ ]$$

この零和ゲームの最適化問題 $argmin\ \underset{V}{max}\ U(W, V)$ は 2 つの項からなります．
第 1 項は識別系が既知データに対する帰属確率を大きくするように重みパラ
メータ V を選び，第 2 項は生成系が作り出したデータに対する帰属確率を小さ
くするように重みパラメータ W を決めることを示します．この minmax 問題の
ナッシュ均衡解

$$\langle\ W^*,\ V^*\ \rangle = \underset{W}{argmin}\ \underset{V}{max}\ U(W,\ V)$$

は，$\rho2$ が $\rho1$ に一致することが証明されています[6]．つまり，生成系 $G(W^*; \vec{z})$
は，DS の経験分布 $\rho1$ にしたがう新しいデータを出力することを表します．

敵対的という用語　　一般に，GAN を用いると，DS の画像データと区別がつ
かない画像を生成することができることから，さまざまな応用が期待されていま
す．一方で，人が見て区別つかないので，ディープ・フェイク（DeepFake）と
呼ばれる偽データの生成に悪用することもできます．

なお，GAN の敵対的（Adversarial）という言葉は，生成系と識別系が互い
に敵対する非協力ゲーム（Noncooperative Game）のプレイヤーであることを
指しています．第 6 章の敵対データ（Adversarial Examples）は敵対的な攻撃
（Adversarial Attacks）の具体的なデータのことです．ニュアンスの異なる使い

方[10]であることに注意して下さい.

ファズによる例外系テスティング

　3つめの事例[11]（表5.1）は，ファズによる例外系テスティングを実施して，Baidu が公開している自動運転車向け路上物体認識 CNN プログラム Apollo に不具合があることを見つけました.

検査の問題設定　　LiDAR センサーから得られる画像データは3次元物体形状データの集まり（データ・クラウド）です. 公開されているデータセットから選んだ画像フレームデータ $\vec{x}_{(n)}$ に対して，3次元物体を追加した画像フレーム $\vec{x}^{(k)}_{(n)}$ を一連のフォローアップ・テスト入力データとしました. 物体を表すデータが増えるので，CNN が認識する物体の集合は大きくなり $O_{(n)} \subseteq O^{(k)}_{(n)}$ を満たす筈です. 実験では，検査する性質を簡略化して，認識物体の個数比較としました. つまり，メタモルフィック関係を $|O_{(n)}| \leq |O^{(k)}_{(n)}|$ とします.

条件付きファズ　　視覚範囲に対応する画像領域を $\vec{x}_{(n)}$ が表すデータとし，その領域外に少数の小さな物体を模倣する信号をファズとして追加しました. 小さな羽虫が飛び回っている状況ですね.

　まず，ファズが満たす条件を具体的に決めます. 3次元空間中の z 軸の値が取り得る区間と，物体からの反射光の強度が取り得る区間を決めます. この指定区間からランダムに値を選ぶ局所探索によって，多数のファズ $\vec{x}^{(k)}_{(n)}$ を生成します. この時，ある k に対して，先ほど定義したメタモルフィック関係を満たさないファズが見つかりました. つまり，$\vec{x}_{(n)}$ で認識された物体が，データを追加した $\vec{x}^{(k)}_{(n)}$ で消えるという不具合です. 小さな羽虫に気をとられて目の前の物体を見失ったというところでしょうか.

Apollo のまとめ　　この事例が注目を集めたのは，2018 年3月，北米で人身事故を起こした Uber 自動運転車と同じ LiDAR センサーを用いたシステムだったことです. CNN による物体認識の欠陥によって，そこにいたはずの被害者が画像認識の結果，消えていたのではないか，を示唆するように思えます. 交通事

---

　10)　D. Warde-Farley and I. Goodfellow: Adversarial Perturbations of Deep Neural Networks, in *Perturbation, Optimization and Statistics*, The MIT Press 2016.

　11)　Z.Q. Zhou and L. Sun: Metamorphic Testing of Driverless Cars, *Comm. ACM*, 62(3), pp.61-67, 2019.

故の原因がプログラムの欠陥による，と考える人がいるかもしれません．

　この検査事例の鍵は，不具合を生じるファズを生成できたことです．ファズが満たす空間位置の条件と反射光の条件は，この検査結果を知った後であれば，なるほどと納得できます．他方，どのようにしてファズの条件を思いついたのでしょうか．例外系テスティングでは，決められた仕様を満たさない入力データを求める必要があり，これは通常のソフトウェア・テスティングでも難しい問題でした（3.1 節）．この検査事例のファズ条件は，発見的に試行錯誤の結果として見つけられたのかもしれません．

　なお，この不具合を Baidu 社に報告したところ，「検査時補完の方法で発見できる」という返事があったそうです．訓練済み学習モデルあるいは予測・推論プログラムに対して，十分な検査を実施することの重要性と難しさをあらためて実感させられる事例です．

5.1.3　事例から得られる知見

例外系テスティング　　紹介した 3 つの事例（表 5.1）は，訓練・学習が終わった後の予測・推論プログラム $\mathcal{I}_f(\_)$ を対象とした検査でした．訓練データが不十分だったことによる不具合が生じるか否かを調べる例外系テスティングあるいはストレス・テスティングを行ったといえます．このような検査は従来のソフトウェアでも行われており，多様な観点から検査するファズ・テスティングが有用なことがわかっています．特に，3 つの事例では検査データの自動生成方法に技術的な新規性が見られます．一方で，Baidu が十分に検査していない Apollo を公開したことを考えると，訓練・学習時に想定していない状況の例外系テスティングを適切に行うことは実開発の場でも難しいことがわかります．

事後検査による状況理解　　例外系テスティングは重要ですが，その役割は，従来のソフトウェアを対象とする場合と少し異なるかもしれません．従来は，異常事態にならないことの確認，つまり，安全性への脅威がないことの確認を目的としていました．一方，機械学習ソフトウェアでは，このようなテストを行うことで，検査対象が好ましい機能振舞いを示す範囲を明らかにする，という考え方です．事後検査によって作動可能な状況を明らかにする，といっても良いでしょう．DeepTest や DeepRoad の検査結果から考えると，雪道で自動運転しないこ

とを条件にすれば良いかもしれません．通常の自動車だと，雪道を走行する際にはスノータイヤが必須の条件です．機械学習技術を応用したシステムでも，作動条件を限定するような規則・規制を組み合わすことが実用化への近道かもしれません．問題は，このような条件を技術的に決めることが難しいことです．

　一般に，ソフトウェア品質の国際規格 SQuaRE は，ソフトウェア品質を「明示された状況下で使用されたとき，明示的ニーズ及び暗黙のニーズをソフトウェア製品が満足させる度合い」と定義しています（2.2節）．他方，機械学習ソフトウェア品質を論じる際の難しさは，オープンさへの対応で，これは，状況を明示できないことでした．機械学習ソフトウェア $\mathcal{I}_f(\_)$ の例外系テスティングによって，事後的に「明示された状況」を確認するという方法が良いのではないでしょうか．

　E.W. ダイクストラは事後検査による品質保証が困難なことを論じました（3.3節）．上に述べた SQuaRE による品質の定義と合わせて考えると，機械学習ソフトウェアの場合は，逆に，事後検査が必須といえます．より強い表現ですが，事後検査によってシステムの利用限界を把握する，です．

5.2　検査の網羅性基準

　ソフトウェア・テスティングの方法では，検査の網羅性基準を指標として，どのくらい対象プログラムを検査したかを調べました（3.1節）．深層ニューラル・ネットワークの検査では，どのような網羅性基準が適切でしょうか．

5.2.1　機械学習ソフトウェアの網羅性基準

　深層ニューラル・ネットワークでは従来プログラムの網羅性基準が役に立ちません．その理由を見ていきましょう．

テスト網羅性の観点

　従来のプログラム $f(\_)$ の場合，欠陥箇所を実行すると不具合を生じます．そこで，$f(\_)$ をテスト対象とする時，どのくらいの経路を検査したかを網羅性基

準で調べました．DNN ソフトウェアでは，品質を論じる対象として，訓練・学習プログラム $\mathcal{L}_f$ と予測・推論プログラム $\mathcal{I}_f$ の2つがあります．各々について，網羅性基準の考え方を検討します．

　利用者からすると，$\mathcal{I}_f$ の出力結果が重要です．その機能振舞いを決めるのは訓練済み学習モデル $y(W^*; \_)$ ですし，これは，訓練データセット LS を入力とする $\mathcal{L}_f$ の結果に支配されます．$\mathcal{L}_f$ に欠陥があると，W^* を介して，$\mathcal{I}_f$ の不具合となるでしょう．では，検査の網羅性を，$\mathcal{I}_f$，つまり，$y(W^*; \_)$ に対して考えるのが良いでしょうか，あるいは，$\mathcal{L}_f$ に対してでしょうか．

訓練・学習プログラムに対する網羅性　今，訓練・学習プログラム $\mathcal{L}_f$ を検査する場合を考えます．$\mathcal{L}_f$ は，訓練データセット LS を入力として，学習パラメータの重み値 W^* を求める数値最適化プログラムです．最適化アルゴリズムを機能仕様と考えれば，通常のプログラムと同じようにして検査網羅性を導入すれば良いように思われます．ところが，数値最適化の標準的な方法は，微小な値 ϵ を決めて，

$$\text{while } (\ \neg(\|W^{new} - W^{old}\| \le \epsilon) \ ) \ \{$$
$$\qquad W^{new} = W^{old} - \eta \nabla \mathcal{E}(W; LS)$$
$$\}$$

のような繰り返し処理です．複雑な制御フローを持ちません．

　入力のデータセット LS は W を変数とする関数 $\mathcal{E}(W; LS)$ の形に影響します (2.5 節)．しかし，入力となるデータセット LS の違いが，どのようにプログラム本体処理の制御フローに影響するか明らかでないです．つまり，入力データ LS を工夫して検査する実行経路を変えることが難しいです．C0 や C1 といった網羅性基準は有効でありません．訓練・学習プログラム $\mathcal{L}_f$ に対して，従来の検査網羅性基準を考えることは難しいようです．

予測・推論プログラムに対する網羅性　では，予測・推論プログラム $\mathcal{I}_f$ には，何らかの検査網羅性基準を定義できるでしょうか．利用時に不具合を生じるのは $\mathcal{I}_f$ ですから，実運用の前に評価データを用いて検査しておきたいです．この時，訓練・学習プログラム $\mathcal{L}_f$ のプログラム品質に問題がないと仮定します．表 5.1 に紹介した事例でも $\mathcal{L}_f$ に欠陥があるかないかは気にしませんでした．次節で，$\mathcal{I}_f$ の内部状態 $y(W^*; \_)$ に対して網羅性の基準を考えるニューロン・カバ

レッジというアイデアを紹介します．DeepTest[3]や CAGFuzz[8]が $\mathcal{I}_f$ に対する
テスト入力の検査網羅性を調べる際に用いた指標です．

ニューロン・カバレッジ

入力信号の伝播　　予測・推論の機能振舞いを規定する訓練済み学習モデル
$y(W^*; \_)$ は非線形関数で，入力信号を適切に伝播するネットワークによる表現
です．その内部ネットワークは，多数のノード（ニューロン）からなり，ノード
間をむすぶエッジに重み値が付されています．通常のプログラムでは入力データ
によって定まる実行経路に着目して実行されるプログラム文を対象とした検査網
羅性基準を導入しました．制御フロー・グラフに対して定義した C0 や C1 とい
った基準です．これとの対比で考えましょう．

活性ニューロン　　データ $\vec{a}$ が入力されると $y(W^*; \vec{a})$ の信号の流れを生み出
し，ネットワーク中のノードに伝播します．付された重み W^* によって，伝播
方向や伝播信号の強さが変わるでしょう．ある閾値を超えた信号を出力するノー
ドを活性ニューロン（Active Neurons）と呼びます．そして，入力データ $\vec{a}$ が
活性化するニューロンが多いほど，網羅性が良いと考えます．

　ニューロン・カバレッジ（Neuron Coverage, NC）は，このような活性ニュー
ロンの割合による網羅性の指標です．次に定義[12]を紹介します．

　一般に，個々のニューロンの入出力（式〔2-1〕）は，活性化関数を σ として，

$$out = \sigma \left(\sum_j w_j \times in_j \right)$$

と表現できます．入力信号 in_j が確定した時，決められた閾値よりも大きな出力
信号 out を持つニューロンを活性状態にあるとしました．ニューロン・カバレ
ッジは，対象全ニューロン（Total Neurons）に占める活性ニューロン（Active
Neurons）の割合として定義されます．

$$Neuron\ Coverage\ (NC) = \frac{|Active\ Neurons|}{|Total\ Neurons|}$$

---

[12]　K. Pei, Y. Cao, J. Yang, and S. Jana: DeepXplore: Automated Whitebox Testing of
Deep Learning Systems, In *Proc. 26th SOSP*, pp.1-18, 2017.

入力信号が定まった時，多数のニューロンが活性化されれば，NC 値が大きくなることがわかります．

網羅性駆動テスト・データ生成　　NC は $y(W^*; \_)$ のネットワーク表現に対する網羅性に着目したという点で面白いアイデアです．最初に提案した DeepXplore[12]では，$\mathcal{I}_f$ の NC 値を高めるようなテスト入力データを自動合成する方法を論じました．つまり，網羅性の情報を利用したテスト・データ生成です．この方法で生成したデータを再学習時に追加すれば，訓練済み学習モデルの網羅性を改善できると報告されています．つまり，データ補完としても使える方法といえます．

　さて，ニューロン・カバレッジが提案された後，NC を 100% 達成することは難しくないことがわかってきました．訓練データセットを少し工夫することで，テスト入力に対する NC 値が簡単に向上するのであれば，品質を論じる理由付けとして弱いでしょう．そこで，活性ニューロン間の相関などを利用した複雑な指標[13]が提案されました．通常のプログラムの場合，C0 基準が容易に満たされることから少し詳しい C1 基準などが導入されたことに似ています．どの網羅性基準が優れているかを決めるには，実験や経験の積み重ねが必要で，今のところ，どの網羅性基準が決定版かはわかっていません．

活性ニューロンの分布

　ニューロン・カバレッジは活性ニューロンの個数に着目した指標でした．活性ニューロンの分布は，もう少し詳しい内部の状態を表します．この分布の情報を，テスト入力データの有用性を評価する指標に応用する方法が提案されました[14]．

テスト・データの有用さ　　訓練データセット LS による訓練済み学習モデル $y(W^*; \_)$ を考えましょう．このモデルにベクトル値のデータ $\vec{a}$ を入力するとニューロンが活性化されます．N 個の内部ニューロンの出力値を N 次元のベクトル $\vec{\alpha}(\vec{a})$ で表します．一方，訓練データセットから，$\langle \vec{x}^{(n)}, t^{(n)} \rangle \in LS$ のベクト

13) L. Ma, F. Juefei-Xu, F. Zhang, J. Sun, M. Xue, B. Li, C. Chen, T. Su, L. Li, Y. Li, J. Zhao, and Y. Wang: DeepGauge: Multi-Granularity Testing Criteria for Deep Learning Systems, In *Proc. ASE'18*, pp.120–131, 2018.

14) J. Kim, R. Feldt, and S. Yoo: Guiding Deep Learning System Testing Using Surprise Adequacy, In *Proc 41st ICSE*, pp.1039–1049, 2019.

ル・データ全て（$\{\vec{x}^{(n)}\}$）を入力に用いて，ニューロンの出力値ベクトルの全体 $A_{LS} = \{\,\vec{\alpha}(\vec{x}^{(n)})\,\}$ を事前に求めておきます.

　検査用データが有用かは，例外的な状況での検査になるかで評価します. 検査用データ $\vec{a}$ の活性ベクトル $\vec{\alpha}(\vec{a})$ を，訓練データセットの活性ベクトル全体 A_{LS} と比べた時，稀な状況あるいは境界的な状況に相当するかを調べれば良いです. 基準となる分布からのズレが小さければ，訓練データセットが想定した範囲での検査を行っていることになるでしょう. 一方，ズレが大きければ，訓練・学習時に考慮しなかった観点からの検査になります.

外れ値　　このズレ具合を定量的に測定する方法として，統計的な手法を応用します. A_{LS} から求めた確率分布に対して，$\vec{\alpha}(\vec{a})$ が外れ値（Outliers）であることがわかれば，ズレが大きいといえるからです. たとえば，カーネル密度推定（Kernel Density Estimation）を用いて，A_{LS} の確率分布を求める方法が論じられています.

　さて，ニューロン・カバレッジ（NC）は数値なので，その比較の計算は容易でした. 分布を導入すると比較計算が複雑になるという問題が生じます. しかし，分布を調べることは NC の自然な拡張ともいえます. 外れ値か否かを調べる統計指標に何を選べば良いかなど，今後の研究進展が期待できます.

5.3　欠陥と歪み

　機械学習ソフトウェアの不具合は，予測・推論結果として現れます. 真の原因は何でしょう.

5.3.1　根本原因と直接原因

　本書では，機械学習ソフトウェアを 2 つのプログラムに分けて説明しています. 3.1 節の内容は次のように要約できるでしょう.

　今，重み値が未定の学習モデル $y(W;\,\_)$ が与えられたとします. 訓練・学習プログラム $\mathcal{L}_f$ は訓練データセット LS を入力とし，重み値 W^* を出力します. こ

れが訓練済み学習モデル $y(W^*; \_)$ として，予測・推論プログラム $\mathcal{I}_f$ の機能振舞いを決定します．そして，入力データ $\vec{a}$ に対する予測・推論結果 $\mathcal{I}_f(\vec{a})$ に不具合があるか否かが問題となりました．

予測・推論に不具合が生じる理由は，訓練済みの重み値 W^* が「適切でない」からです．一方，この W^* は，訓練データセット LS ならびに訓練・学習プログラム $\mathcal{L}_f$ の影響を受けます．LS の欠陥は標本選択バイアスや分布の歪みが原因です．また，$\mathcal{L}_f$ にプログラムの欠陥があると，訓練・学習機能に不具合が生じ，不適切な W^* を出力します．つまり，欠陥が埋め込まれます．予測・推論の不具合からみると，直接原因（Direct Causes）は W^* ですが，根本原因（Root Causes）は LS や $\mathcal{L}_f$ にあるといえます．なお，ここでは，学習モデル $y(W; \_)$ に欠陥がないと仮定して話を進めました．

機械学習ソフトウェアの品質確認の難しさは，次の2つにあります．まず，(a) 訓練済みの重み値 W^* が期待通りか否かの基準がないので特定入力データ $\vec{a}$ の予測・推論結果を調べる方法に頼らざるを得ません．また，(b) 予測・推論結果の不具合と根本原因の関係が間接的なことから修正箇所がわかりにくいことになります．

5.1節の検査事例は，$\mathcal{L}_f$ に欠陥がないと仮定し，LS を用いた訓練・学習結果 W^* の欠陥を調べました．ところが，$\mathcal{L}_f$ はプログラムですから，欠陥がないことを保証できません．予測・推論結果を調べても，LS と $\mathcal{L}_f$ のいずれかに欠陥があるのか，あるいは，両方とも欠陥を含むのか，はわからないのです．

5.3.2　訓練済み学習モデルの歪み

予測・推論プログラム $\mathcal{I}_f$ の不具合が学習モデルの歪み（Distortion）に起因するという仮説[15]を導入します．

仮説と定量指標

学習モデルを決めると訓練済み学習モデル $y(W^*; \_)$ を特徴つける情報は重み値 W^* です．W^* に対して歪み度合い（Distortion Degrees）の関係 $\preceq$ を定義し

---

15) S. Nakajima: Distortion and Faults in Machine Learning Software, In *Proc. SOFL+MSVL 2019*, pp.29-41, 2020.

ましょう．ある重み値 W_1^* を基準として W_2^* の歪みが大きいことを $W_1^* \preceq W_2^*$ と表記します．

説明の都合上，いくつかの記号と，それらの関連を整理しておきます．訓練データセットを LS，試験データセットを TS とし，LS と TS のデータ分布は，ほぼ同じとします．LS と TS を1つのデータ・プールから抽出したと考えれば良いですが，理想的には同じ母集団分布から生成されたデータの標本になります．訓練・学習プログラムを $\mathcal{L}_f$ とすると，$W^* = \mathcal{L}_f(LS)$ です．

2つの仮説　　次に，基本的な2つの仮説を導入します．

[仮説1]　$\mathcal{L}_f$ に欠陥があると，W^* が歪むとします．

欠陥がない理想的な訓練・学習プログラムが生成した重み値を基準とすれば良いでしょう．

[仮説2]　LS に偏りがあると，W^* が歪むとします．

要求仕様から期待される理想的な訓練データセットから生成される重み値を基準とすれば良いでしょう．

ところが，**[仮説1]** について，作成中の訓練・学習プログラムに欠陥があるかないかは，検査しないとわかりません．また，**[仮説2]** について，手元にあるデータセットが要求仕様を忠実に反映しているかは，予測・推論での評価を行わないとわかりません．さらに，いずれの場合であっても，基準とする重み値を何に選べば良いかが不明です．しかし，重みの歪みを何らかの数値指標で表現できれば，歪みの度合いを比較できると考えられます．

2つの数値指標　　ここで，2つの数値指標を考えます．指標計算に用いる評価用のデータを適切に集めて ES とします．ES のデータに対する予測確からしさ（予測確率値）の平均を指標 $prob(W^*, ES)$ とします．

[外部指標]　予測確率の指標 $prob(W^*, ES)$ が W^* の歪みを表す指標と考えます．つまり，

$$W_1^* \preceq W_2^* \iff prob(W_1^*, ES) \geq prob(W_2^*, ES)$$

です．

　学習モデルを構成するニューロン全体から適切な部分集合 $\mathcal{M}$ を選び，この $\mathcal{M}$ についてのニューロン・カバレッジを NC_M とします．ES のデータに対する NC_M の平均値を μ_M とし，不活性ニューロン指標（Inactive Neurons Indicator）を $inact(W^*, ES) = (1 - \mu_M)$ で定義します．

　[内部指標]　不活性ニューロン指標 $inact(W^*, ES)$ が W^* の歪みを表す指標と考えます．つまり，

$$W_1^* \preceq W_2^* \iff inact(W_1^*, ES) \leq inact(W_2^*, ES)$$

です．

　[外部指標] は，高い正解率を得る W^* を基準にとれば，歪みは正解率の低下として現れるとした方法です．**[内部指標]** は，不活性ニューロンが少ない（活性ニューロンが多い）W^* を基準にとれば，歪みは不活性ニューロンの増加として現れるということです．

　これらの2つの指標のどちらが有用でしょうか，あるいは，検査するという目的からみてどちらが使いやすいでしょうか．この後，対照実験によって調べます．その前に，欠陥と歪みの関係を考察した既存の研究ミュータント・モデルを紹介します．

ミュータント・モデル

　ミュータント・モデルは，歪みと欠陥の関係に関する研究と関連します．

学習モデルのミュータント　　ミュータント・モデル（Mutant Models）はソフトウェア・テスティングのミューテーション法（3.1節）を参考に考案されました．従来のプログラムに対するミューテーション法では，プログラムの一部を書き換えて欠陥を入れ，その欠陥を検知できるようなテスト・データを求めました．ミューテーション操作によって欠陥を挿入したわけです．

　ミュータント・モデルの基本的なアイデアは，訓練・学習で求めた重み値 W^* を人為的に変更すると正確性が低下するのではないかという予想に基づきます．表5.2のミュータント操作を訓練済み学習モデル $y(W^*; \_)$ に施すことで，さまざまなミュータント・モデル $y(W_m^M; \_)$ を得ました．そして，評価用データセットを用いた実験を行い，$y(W_m^M; \_)$ の正解率が元の訓練済み学習モデル $y(W^*; \_)$

表 5.2　ミューテーション操作

操作対象	説明
ネットワーク構造 $y(W^*; \_)$	ニューロン削除，活性化関数の変更
重み値 W^*	重み値の変更

が示す正解率よりも低下することが確認されました[16].

　正解率の低下への影響が大きかったのは，重み値を変更する操作でした．このようなミュータント・モデルは基準の W^* から歪んでいると考えられます．つまり，歪みが**［外部指標］**の正解率の観点からみた不具合の原因になるといえます．

　ところが，残念なことに，このミュータント・モデル $y(W_m^M; \_)$ が訓練・学習によって必ず得られるかは不明です．特定のミュータント・モデルが，訓練データセットのどのような違いに対応するかも明らかではありません．従来のミューテーション法（3.1節）は「検査対象プログラムは概ね正しい」と考え「有能なプログラマー仮説」を前提としていました．機械学習ソフトウェアでは，訓練・学習プログラム $\mathcal{L}_f$ が自動生成した重みが検査対象の機能振舞いを決定します．この仮定が成り立ちません．

ミュータント対象の拡大　　ミュータントという用語を，訓練済み学習モデル $y(W^*; \_)$ だけでなく，学習モデル $y(W; \_)$ ならびに訓練データセット LS に対して使うことがあります[17]．学習モデル $y(W; \_)$ のミューテーション操作は，DNN のある層のニューロン数や，層の数など，ネットワーク構造を変える広い意味での DNN ハイパー・パラメータの変更を含みます．

　訓練データセットを対象とするミューテーション操作は個々のデータ点 $\langle \vec{x}^{(n)}, t^{(n)} \rangle$ に着目します．正解ラベル $t^{(n)}$ 変更，$\vec{x}^{(n)}$ 値へのノイズ追加，データ点削除，などのミューテーション操作です．これらの操作はデータセット多様性の考え方（4.4節）を用いたフォローアップ入力生成と同じです．分類学習タスクについて表 4.1 のようなメタモルフィック性が整理されていますので，これを参考にすると，DeepMutation[17]が検討したミューテーション操作をさらに拡

---

16) W. Shen, J. Wan, and Z. Chen: MuNN: Mutation Analysis of Neural Networks, In *Proc. IEEE QRS-C 2018*, pp.108-115, 2018.

17) L. Ma, F. Zhang, J. Sun, M. Xue, B. Li, F. Juefei-Xu, C. Xie, L. Li, Y. Liu, J. Zhao, and Y. Wang: DeepMutation: Mutation Testing of Deep Learning Systems, In *Proc. ISSRE 2018*, pp.100-111, 2018.

張できることがわかります.

5.3.3 実験による確認

先に整理した**[外部指標]**と**[内部指標]**が,重みの歪み度合いを比較する指標として適切かを対照実験を行って調べます.

対照実験の方法

2つの訓練・学習プログラム $\mathcal{L}_f^{PC}$ と $\mathcal{L}_f^{BI}$ を準備します.ここで,PC は「おそらく正しい(Probably Correct)」の意味で,標準的な学習方法(2.1 節)を正しく実現したと考えます.一方,BI は「バグ混入(Bug Injected)」の意味で,先の $\mathcal{L}_f^{PC}$ に欠陥を意図的に混入しました.これら2つのプログラムによる実行結果を比較する実験を行います.蛇足ですが,$\mathcal{L}_f^{PC}$ と $\mathcal{L}_f^{BI}$ はプログラムです.前節のミュータント・モデルではありません.

実験では手書き数字分類学習の標準ベンチマーク問題 MNIST データセット[18][19]を用います.MNIST データセットは 60,000 の訓練データセット LS と10,000 の試験データセット TS からなります.これを用いて,訓練・学習を実施します.

$$W_{PC}^* = \mathcal{L}_f^{PC}(LS), \qquad W_{BI}^* = \mathcal{L}_f^{BI}(LS) \qquad (5\text{-}1)$$

とし,得られた訓練済み学習モデル各々から $\vec{y}(W_{PC}^*; \_)$ ならびに $\vec{y}(W_{BI}^*; \_)$ を求めて,予測・推論プログラム $\mathcal{I}_f^{PC}$ および $\mathcal{I}_f^{BI}$ とします.そして,TS 全ての要素 $\langle \vec{x}^{(m)}, \vec{t}^{(m)} \rangle$ を評価に用います.つまり,TS から評価用データセット ES を構築し,ES に対する外部指標と内部指標を求めます.

外部指標と内部指標の実測値

「仮説 1」について　　実験の結果は次のようになりました.活性ニューロンならびに予測確率の欄は ES についての平均値です.

---

[18] Y. LeCun, L. Bottou, Y. Bengio, and P. Haffner: Gradient-based learning applied to document recognition, In *Proc. the IEEE*, 86(11), pp.2278-2324, 1998.

[19] http://yann.lecun.com/exdb/mnist/

プログラム	活性ニューロン	予測確率
PC	0.6856	0.9534
BI	0.4880	0.9546

対照実験から，欠陥の有無に関わらず予測確率は同程度に良い値（約 0.95）になる一方，活性ニューロン指標は大きく異なることがわかりました．つまり，外部指標を調べていても，$\mathcal{I}_f^{PC}$ と $\mathcal{I}_f^{BI}$ のどちらで訓練・学習したかわかりません．一方，内部指標の不活性ニューロン指標は $inact(W^*, ES) = (1 - \mu_M)$ ですから，$inact(W_{PC}^*, ES) < inact(W_{BI}^*, ES)$ を示します．内部指標の定義から，重み値について，$W_{PC}^* \preceq W_{BI}^*$ です．これは**【仮説1】**と整合しています．

「仮説2」について　次に，**【仮説2】**が成り立つかを考察します．訓練データセット LS の偏りに関することですから，4.1節の実験結果をもとに調べましょう．$\mathcal{L}_f^{PC}(LS)$ と $\mathcal{L}_f^{PC}(LS_6 \cup LS_4)$ を比較した実験です．また，評価用データは $TS_6 \cup TS_4$ の中から正解タグ情報を再現した入力データを ES' とした測定結果を示します．

訓練データセット	活性ニューロン	予測確率
$LS_6 \cup LS_4$	0.6996	0.9919
MNIST の LS	0.6625	0.9551

これをもとにすると，外部指標は $prob(W_{6 \cup 4}^*, ES) > prob(W_{LS}^*, ES)$ ですから，$W_{6 \cup 4}^* \prec W_{LS}^*$ です．一方，内部指標は $inact(W_{6 \cup 4}^*, ES') < inact(W_{LS}^*, ES')$ ですから，$W_{6 \cup 4}^* \prec W_{LS}^*$ です．どちらの指標を選んでも歪みの関係は同じです．

　ところが，仮説2は「LS に偏りがあると W^* が歪む」ことですから，その逆「W^* が歪むと LS に偏りがある」ことではありません．そこで，データセットの偏りとは何かという根本的な問題に戻った考察が必要になります．

　LS は $LS_6 \cup LS_4$ に比べると訓練データを多く含みます．$LS_6 \cup LS_4$ を基準に考えると，LS は余分なデータを持つことになりますから，LS に偏りがあるといえるでしょう．逆に，$LS_6 \cup LS_4$ は LS からデータを除去して得られますから，LS を基準にとり $LS_6 \cup LS_4$ に偏りがあるといえます．どちらを基準にとるかによって解釈が異なります．

　データセットの偏りは，データセットの利用目的から考えるべきことのよ

うです．上記の実験では「4」と「6」の正解率に注目しました．したがって，$LS_6 \cup LS_4$ を基準として余分なデータを多く含む LS が偏りを示すと考えるのが良さそうです．逆に，MNIST データセットの問題，つまり，すべての手書き数字を分類することが目的であれば，「4」と「6」以外の訓練データを含まない $LS_6 \cup LS_4$ に偏りがあるといえます．

4.1 節では，訓練データセットの違いによって，予測・推論結果が影響を受けることを実験で確認し，また，データセットの品質を論じることの難しさを論じました．本節の「仮説 2」に関連した実験ならびに考察は，この難しさを歪みの指標から調べたことになります．取り扱う学習問題の目的を明らかにして，はじめて，データセットの品質を論じることができるわけです．

5.4 訓練・学習プログラムの検査

深層ニューラル・ネットワークの訓練・学習プログラム $\mathcal{L}_f$ の検査に統計的なメタモルフィック・テスティング（3.3 節）を応用する例[20] を紹介します．

5.4.1 メタモルフィック性

訓練済み学習モデルの歪みに着目してメタモルフィック性を整理しましょう．フォローアップ・テスト入力の生成にはセマンティック・ノイズの方法（4.4 節）を利用し，また，メタモルフィック関係の定義では歪みの計測方法（5.3 節）を応用します．

フォローアップ・テスト入力生成　訓練データセット $LS = \{ \langle \vec{x}^{(n)}, \vec{t}^{(n)} \rangle \}$ を入力して訓練・学習した結果の重み値を W^* とします．$W^* = \mathcal{L}_f(LS)$ です．次に，4.4 節の方法によって，セマンティック・ノイズを加えたデータ $\vec{x}^{(n)*}$ を求めます．$\vec{x}^{(n)*} = \underset{\vec{x}}{argmin}\ A_\lambda(W^*; \vec{x}^{(n)}, \vec{t}^{(n)}, \vec{x})$ です．この処理を LS のすべての要素に適用すると，セマンティック・ノイズを含むデータセット $\{ \langle \vec{x}^{(n)*}, \vec{t}^{(n)} \rangle \}$ を得ることができます．これを LS' として，

20) S. Nakajima: Software Testing with Statistical Partial Oracles - Application to Neural Networks Software -, 2020.

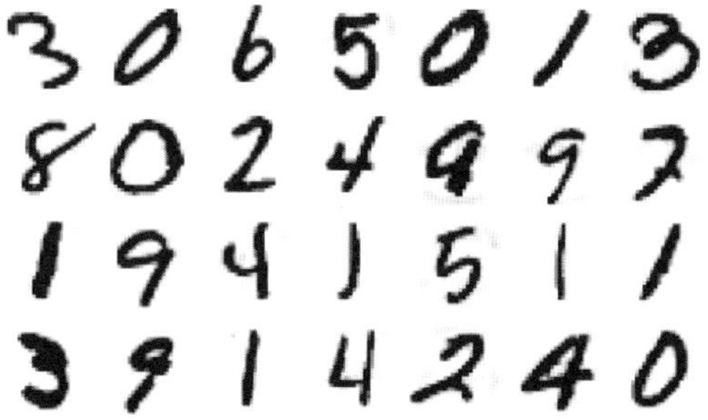

図 5.2 セマンティック・ノイズによる生成データ

$$LS' = T_\lambda(LS, W^*) = \{ \langle \underset{\vec{x}}{argmin}\ A_\lambda(W^*; \vec{x}^{(n)}, \vec{t}^{(n)}, \vec{x}),\ \vec{t}^{(n)} \rangle \}$$

と表記することにします. $W^* = \mathcal{L}_f(LS)$ なので,

$$T_\lambda(LS, W^*) = T_\lambda(LS, \mathcal{L}_f(LS))$$

と書け,$T(LS) = T_\lambda(LS, \mathcal{L}_f(LS))$ と簡明に表せます.この関数 T を用いると,$LS' = T(LS)$ ですから,標準的なフォローアップ・テスト入力の生成関数と同じ形になります.

　上記の関数 T を用いて,MNIST の訓練データセット LS から生成したフォローアップ・テスト入力のデータセットの一部を図5.2に示しました.図2.3(b) (2.3節) と同様に薄いノイズがかかっていることがわかります.

変換の繰り返し適用　フォローアップ・テスト入力の生成関数 T を繰り返し適用する場合の表記法を導入します.

$$LS^{(K)} = T(LS^{(K-1)}) = T(T(LS^{(K-2)})) = T^2(LS^{(K-2)})$$

のように書けます.そこで,$LS^{(0)} = LS$ として,$LS^{(K)} = T^K(LS^{(0)})$ とします.また,説明の都合から,いくつか記号を使います.正解タグはすべての $LS^{(K)}$ で同じですから,$LS^{(K)} = \{ \langle \vec{x}_{(K)}^{(n)},\ \vec{t}^{(n)} \rangle \}$ です.また,訓練・学習の結果に着目し,$W^{(K)*} = \mathcal{L}_f(LS^{(K)})$ と表記します.

　この時,$LS^{(K)} = T_\lambda(LS^{(K-1)}, W^{(K-1)*})$ で,変換関数 T_λ の実体となる A_λ の最適化問題の形から,$W^{(K-1)*}$ は $LS^{(K-1)}$ よりも $LS^{(K)}$ に過適合します.また,$W^{(K)*} = \mathcal{L}_f(LS^{(K)})$ なので,$W^{(K)*}$ は $LS^{(K)}$ に対する最適解です.そ

こで，$W^{(K)*}$ は $W^{(K-1)*}$ よりも $LS^{(K)}$ に過適合すると考えれば良いです．この $LS^{(K)}$ への適合の度合いから $W^{(K)*} \preceq W^{(K-1)*}$ です．

歪み度合いを内部指標で解釈して，$inact(W^{(K)*}, ES) < inact(W^{(K-1)*}, ES)$ です．内部指標は非負ですから，T を繰り返し適用すると 0 に近づきます．ある K_c があって，$K > K_c$ に対して，$inact(W^{(K)*}, ES) \approx inact(W^{(K_c)*}, ES)$ です．その結果，$W^{(K)*} \approx W^{(K_c)*}$ になります．

以上から，先の変換関数 T をフォローアップ・テスト入力生成法として，適当な回数繰り返し適用し，関係 $\mathcal{L}_f(T^{K_c}(LS)) \approx \mathcal{L}_f(T^{K_c+1}(LS))$ が成り立てば，訓練・学習プログラム $\mathcal{L}_f$ に欠陥がないといえます．もし欠陥があれば，$inact(W^{(K)*}, ES)$ の列が何らかの安定値 $inact(W^{(K_c)*}, ES)$ に至らない可能性があるからです．

5.4.2　テスティングの例

対照実験の結果を参照しながらテスティングの方法を説明します．5.3 節と同様に 2 つの訓練・学習プログラム $\mathcal{L}_f^{PC}$ と $\mathcal{L}_f^{BI}$ の実験です．MNIST の試験データセット TS を評価用データセットとして，予測の正解率とニューロン・カバレッジを測定しました．

測定結果　図 5.3 の 2 つのグラフでは，横軸はフォローアップ・テスト入力生成関数を繰り返し適用した T^K の回数 K を表します．図 5.3(a) の縦軸は正解率で，図 5.3(b) の縦軸は訓練・学習結果に対して求めたニューロン・カバレッジです．先のメタモルフィック性の議論から，T を繰り返し適用すると，$inact$ の値が小さくなるので，ニューロン・カバレッジが大きくなると期待できます．

正解率（図 5.3(a)）は，2 つのグラフが同じ傾向を示し，変換関数の繰り返し適用回数と共に減少します．K が大きくなると，訓練データセット LS^K は LS^0 からのズレが大きくなります．LS^0 は MNIST の訓練データセット LS ですから，データ分布は TS と同じと考えられます．つまり，TS は LS^K に対してデータセット・シフトを生じていることになるので，評価用データセット TS の正解率が低下します．実際，測定結果の 2 つのグラフは単調減少です．

ニューロン・カバレッジ（図 5.3(b)）の 2 つのグラフは傾向が異なります．$\mathcal{L}_f^{PC}$ は上昇し，ほぼ一定になります．不活性ニューロンが減少し，

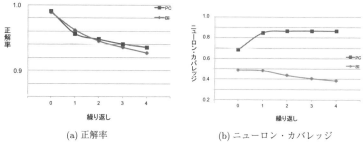

(a) 正解率   (b) ニューロン・カバレッジ

図 5.3 指標の変化

$inact(W^{(K_c)*}, ES)$ に至ります. $\mathcal{L}_f^{BI}$ は明らかな収束の様子を示しませんし, ニューロン・カバレッジに減少傾向が見られます. 不活性ニューロンが増加しているということで, これは先の議論に反します.

仮説検定の方法　$\mathcal{L}_f^{BI}$ が期待するような安定値に達しないことを, $T^K(LS)$ と $T^{K+1}(LS)$ を用いた 2 つの訓練・学習結果に対する仮説検定の方法で確認します. 訓練済み学習モデル $W^{(K)*}$ $(W^{(K)*} = \mathcal{L}_f(LS^{(K)}))$ に対して, $\vec{x}^{(m)}$ $(\langle \vec{x}^{(m)}, \_ \rangle \in TS)$ のニューロン・カバレッジを求め, その TS 全体についての平均値を $\mu^{(K)}$ とします. $\mu^{(K)}$ と $\mu^{(K+1)}$ が一致すれば, 安定値に達するといえるでしょう.

　そこで, 次のような帰無仮説と対立仮説を導入しました. ここでは, ある K を決めた時, $y^{(1)} = \mu^{(K)}$, $y^{(2)} = \mu^{(K+1)}$ と解釈して下さい.

$$\text{帰無仮説 } H_0: \quad \overline{y^{(1)}} = \overline{y^{(2)}}$$
$$\text{対立仮説 } H_1: \quad \overline{y^{(1)}} \neq \overline{y^{(2)}}$$

図 5.4 は帰無仮説が成り立つとした場合の t-値を K についてプロットした片対数グラフです. 参考に, $\alpha = 0.005$ の閾値 2.5758 を点線で示しました. $\mathcal{L}_f^{PC}$ のグラフは $\mu^{(2)}$ と $\mu^{(3)}$ の比較 $(T^2 \text{ と } T^3)$, $\mu^{(3)}$ と $\mu^{(4)}$ の比較 $(T^3 \text{ と } T^4)$ で閾値を下回っています. 一方, $\mathcal{L}_f^{BI}$ のグラフは t-値は 10 を超えますから, 帰無仮説を棄却し対立仮説が成り立つと推定します.

　統計的なメタモルフィック・テスティングの方法 (3.3.3 項) によって, 期待するメタモルフィック関係が成り立たないことがわかり, その結果, $\mathcal{L}_f^{BI}$ に欠

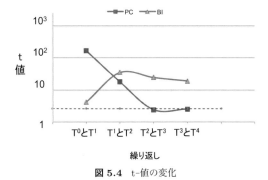

図 5.4 t-値の変化

陥があると推定できました．実際，$\mathcal{L}_f^{BI}$ が意図的に欠陥を挿入したプログラム
であることを再確認したことになります．

第6章　品質からみた敵対データ

　敵対データは機械学習ソフトウェアのロバスト性に影響を与えました．基礎的な研究が進行中の分野です．敵対データ対策が困難なことがわかっています．

6.1　フェイクと予測誤り

フェイク・ビデオ　　2017年，インターネットのあるサイトにフェイク・ビデオが出現しました．既存データを改変し実際とは異なるジェスチャーや発言をさせたビデオで見る人を欺きます，このような偽動画を作成する方法に，深層ニューラル・ネットワークの技術を応用したことが特徴で，DeepFake と呼ばれました．5.1 節で紹介した GAN の技術，特に，2種類の画像を合成する UNIT を使うことが多いです．

　フェイク・ビデオは政治的なプロパガンダに悪用される可能性があります．DeepFake の脅威に警鐘をならす目的で，2018年4月に，オバマ元大統領の演説動画をもとにしたフェイク・ビデオが公開されました．不適切な発言を繰り返すビデオ画像とオバマ元大統領の顔画像を合成する方法として，深層ニューラル・ネットワークの技術を使いました．

フェイク・ビデオ対策　　一方，ビデオがフェイクか否かを調べる方法の研究も進んでいます．たとえば，人物の瞬き（まばたき）が不自然なことに着目した方法[1]があります．DeepFake は多数のビデオ画像を使って訓練・学習させた後にフェイク画像を生成します．訓練データの顔画像は膨大な数ですから，瞬きのタイミングがランダム発生するようにみえます．統計的な処理を施すと瞬きの発生

---

[1]　Y. Li, M.-C. Chang, and S. Lyu: In Ictu Oculi: Exposing AI Created Fake Videos by Detecting Eye Blinking, *Proc. IEEE WIFS 2018*, pp.1-7, 2018.

が平均化され，瞬きが不自然な顔画像になります．

　この瞬きに着目する方法は，従来から，自動車内でビデオ画像をとり，運転手の疲れを検知する方法などで使われてきました．顔画像の解析技術として有用な方法です．ところが，このようなフェイク・ビデオ検知法が有効なことがわかると，逆に，フェイク作成者は，瞬きに着目するだけでは対策を講じられない新しい方法を考案します．コンピュータ・セキュリティの問題一般と同様にイタチごっこで，DeepFake の脅威を完全になくすことは難しいです．

敵対攻撃　　深層ニューラル・ネットワークの敵対データ（Adversarial Examples）は，フェイク・ビデオに先立つ 2014 年に公表されました．その後，わかりやすい「パンダと手長ザル」の例と共に，深層ニューラル・ネットワークへの脅威として一般にも話題になっています．目視では「パンダ」に見える画像を，予測・推論プログラムは「手長ザル」と分類します．人の目を正しいとすると，誤予測といえます．

　フェイク・ビデオは GAN を応用するので，技術的には，敵対データと同様に，深層ニューラル・ネットワークと関連します．人を欺くことから，社会的な問題・倫理的な問題が大きいでしょう．本書は，敵対データを機械学習ソフトウェアの品質問題として考察し，予測・推論の誤りに関わる技術を対象とします．

　さて，一般に，何かを誤りとすることは，正解が既知ということです．フェイクとか誤予測の話題を考察するには，正解の基準を決めておかなくてはなりません．フェイク・ビデオと誤予測に共通することは，人が正解あるいは真の基準を暗黙に決めていることでした．本章では，画像の敵対データを対象にし，目視の結果を正解とします．つまり，機械学習ソフトウェアが誤予測するとは，人がみる印象と異なる結果を導くこととします．

6.2　敵対データと敵対ロバスト性

　敵対データの特徴を見ていきます．

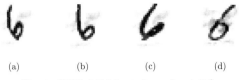

| (a) | (b) | (c) | (d) |

図 6.1　敵対性を示すセマンティック・ノイズ

6.2.1　データの誤分類

　敵対データの簡単な例を図 6.1 に示します．「6」を正解とする元データを選び，4.4 節の方法（式 (4-3)）を使って，「4」と誤分類するセマンティック・ノイズを追加しました．具体的な方法を説明します．

　今，データと正解タグを $\langle \vec{x}^{(m)}, \vec{t}^{(m)} \rangle$ で表す時，ベクトル $\vec{x}^{(m)}$ を元データとします．敵対データは最適化問題に与えるタグ値を $\vec{t}^{(m)}$ と異なる値 $\vec{t}^{(n)}$ $(m \neq n)$ として求めることができます．

$$\vec{x}^{(m)*} = \underset{\vec{x}}{argmin}\ A_\lambda(W^*; \vec{x}^{(m)}, \vec{t}^{(n)}, \vec{x})$$

ここで，W^* は訓練・学習によって得られた重み値で，事前に求められているとしました．この解 $\vec{x}^{(m)*}$ は，$\vec{x}^{(m)}$ に近い画像ですが，分類結果は $\vec{t}^{(n)}$ になり，微弱な敵対攪乱を加えたデータです．図 6.1 は $\vec{t}^{(m)}$ が正解タグ「6」のとき，$\vec{t}^{(n)}$ を「4」とした場合の具体例です．元データの選び方によって，セマンティック・ノイズの入り方が異なることがわかります．

　なお，式 (4-3) の基本は敵対データ生成として提案された方法[2]です．この方法以来，敵対データ生成方法，敵対性が生じる原因，敵対データの特徴，などの研究が活発に進められています．

6.2.2　敵対ロバスト性

ロバスト性は，機械学習ソフトウェアの品質を論じる重要な観点です（2.2

---

[2]　C. Szegedy, W. Zaremba, I. Sutskever, J. Bruna, D. Erhan, I. Goodfellow, and R. Fergus: Intriguing Properties of Neural Networks, In *Proc. ICLR* 2014, and also arXiv:1312.6199, 2013.

節).ここで,分類学習を考えると,ロバスト半径は基準のデータと同じ分類結果になるデータとの距離です.ロバスト半径が大きいと,近傍のデータの数が多いので,予測分類の結果が安定しているといえます.一般に,適切な学習方式[3)4)]を用いることで,良いロバスト性が得られると考えられてきました.

敵対データのロバスト性　　敵対データは,基準データと目視上の区別がつかないことから,近傍に存在するといえます.ところが,異なる分類結果を導くので,ロバスト半径の外側です.適切な学習方式を実現していても,ロバスト半径が小さくなるので,ロバスト性の考え方に影響を与えました.

　敵対データを考慮したロバスト性を敵対ロバスト性(Adversarial Robustness)と呼びます.基準データと誤予測を生じる敵対データの距離に着目し,敵対ロバスト半径を定義します.今,$\| \cdot \|$ をノルムとし,基準データを $\vec{x}^{(m)}$,ノイズを付加した入力データ を $\vec{x}$ とします.$\| \vec{x} - \vec{x}^{(m)} \| < \delta_A$ に対して,$\vec{x}$ の予測確率が最大の分類カテゴリを c^* とする時,誤予測しない最大の δ_A を敵対ロバスト半径と定義します.ノイズが敵対擾乱だと,δ_A の値が小さくなってしまいます.

ノルム　　敵対ロバスト半径が適切な値であれば,敵対ロバスト性が良いといえます.一方,距離は用いるノルム $\| \cdot \|$ に依存します.敵対ロバスト半径 δ_A と従来のロバスト半径(2.2 節)の大小関係,どちらが大きいかは,距離の計算に用いたノルムや,敵対データの特徴に依存します.

　さて,ノルムは,一般に,次のように定義されます.$1 \leq p < \infty$ に対して p ノルム L_p は $\| \vec{x} \|_p \equiv (\sum |x_j|^p)^{1/p}$ です.$p = 2$ の時,ユークリッド空間の距離に一致します.K 次元ベクトルだと,x_j を j 成分として,

$$\| \vec{x} \|_2 = \sqrt{|x_1|^2 + |x_2|^2 + \cdots + |x_K|^2}$$

です.また,無限ノルム L_∞ はベクトル成分の最大値,$\| \vec{x} \|_\infty \equiv max(|x_j|)$ ですし,ゼロノルム L_0 は 0 でない成分($x_j \neq 0$)の個数を表します.

[3)]　G. Montavon, G.B. Orr, and K.-R Mukker (eds), Ibid., Springer 2012.

[4)]　S. Haykin, Ibid., Pearson India 2016.

6.2.3 代表的な攻撃法

さまざまな敵対データ生成手法を使った攻撃[5]が提案されています．以下，画像に敵対擾乱を加える方法と，実世界に妨害物を置く方法に分けて（2.3 節参照）見ていきましょう．

敵対擾乱

敵対擾乱による方法の技術的な関心事は，目視では気づかないような微弱な擾乱を，如何にして加えるかです．微弱さの指標は敵対ロバスト半径です．距離を定義するノルムによって手法を分類できます．少し技術的な内容に偏りますが，数式を使いながら，敵対データ生成法の特徴を説明します．

目標明示攻撃　先に紹介した図 6.1 の敵対データは，式 (4-3) による素朴な方法によって最適化問題を解くことで作成しました．今，基準となる画像データ $\vec{x}^S$ と求める多次元データ（画像）$\vec{x}$ の差 $\delta\vec{x}$ を考えます．$\delta\vec{x} = \vec{x}_S - \vec{x}$ です．目的関数 A_λ の第 2 項を具体的に展開し，以下の式 (6-1) とします．擾乱の大きさ $\delta\vec{x}$ をノルム L_2 で定義しました．

$$A_\lambda = \ell(\vec{x}, \vec{t}^{(T)}) + \frac{1}{2}\lambda\| \delta\vec{x} \|_2^2 \qquad (6\text{-}1)$$

なお，$(\|\cdot\|_p)^2$ を $\|\cdot\|_p^2$ と表記しています．式 (6-1) の第 1 項は，敵対データ $\vec{x}$ の予測分類結果が $\vec{t}^{(T)}$ と明示していることに注意して下さい．このように誤分類結果 $\vec{t}^{(T)}$ を外部から指定する方法を，目標明示攻撃（Targeted Attacks）といいます．

目標非明示攻撃　最適化問題によって定義すると，敵対データ生成問題を簡明に表現できますが，一方で，効率良く解を求められるわけではありません．そこで，高速な敵対データ生成法が研究されました．「パンダと手長ザル」の敵対データ生成に用いられた FGSM（Fast Gradient Sign Method）[6]が初期の代表的な研究です．

[5]　W. Wei, L. Liu, M. Loper, S.Truex, L.Yu, M.E. Gursoy, and Y. Wu: Adversarial Examples in Deep Learning: Characterization and Divergence, arXiv:1807.0005, 2018.

[6]　I.J. Goodfellow, J. Shelens, and C. Szegedy: Explaining and Harnessing Adversarial Examples, *Proc. ICRL 2015*, arXive:1412.6572, 2014.

　データ $\vec{x}$ を正解タグ $\vec{t}$ に分類する時の損失関数を $\ell(\vec{x}, \vec{t})$ とし，元データ $\vec{x}_S$ の正解タグを $\vec{t}_S$ とします．この時，FGSM は $\ell(\vec{x}, \vec{t}_S)$ を最大とする $\delta\vec{x}$ を求めるという考え方です．得られた $\vec{x}$ の予測分類結果が何になるかは不明ですが，$\vec{t}_S$ と異なる場合を含みます．次に，与えられた微小な定数 ϵ よりも多次元ベクトル $\delta\vec{x}$ のすべての成分が小さくなるように選びます．こうすると，$\vec{x}_S$ の近傍データに位置するように $\delta\vec{x}$ を選べます．さらに，$\vec{t}_S$ と異なる予測分類結果になれば，$\vec{x}$ は敵対データというわけです．

　具体的には，損失関数値が変化するようにベクトル $\vec{x}$ の x_j 成分の値を変更します．損失関数を微分すれば変化の有無と方向がわかりますから，ϵ を微小値として，次の式 (6-2) を用いて計算できます．

$$\delta\vec{x} = \epsilon \cdot sign(\nabla_{\vec{x}}\ell(\vec{x}_S, \vec{t}_S)) \tag{6-2}$$

この時，ノルムとして L_∞ を用いて，$\| \delta\vec{x} \|_\infty \leq \epsilon$ です．つまり，擾乱の大きさを L_∞ ノルムで規定したことになります．なお，この方法は誤予測結果が何になるかを指定していません．式 (6-1) と異なり目標非明示攻撃（Untargeted Attacks）です．

最近の研究方向　　FGSM 以降，目標明示あるいは目標非明示の手法，さまざまなノルム $\| \delta\vec{x} \|_p$ を利用して目視では気づかない微小な擾乱を得る方法，高速な敵対データ生成アルゴリズムなどの研究が進められています．たとえば，FGSM を改良した BIM（Basic Iterative Method）は L_∞ の目標非明示型手法です．また，DeepFool[7] は L_2 で目標非明示型，JSMA（Jacobian Saliency Map Approach）[8] は L_0 で目標明示型です．さらに，Carlini&Wagner [9] は L_0，L_2，L_∞ などの目標明示型の方法です．

　一般に，敵対データを生成する方法を検討することと敵対性が生じる理由を調べることは，表裏一体の関係にあります．当初は，本質的な理由を解明すること

---

[7]　S.-M. Moosavi-Dezfooli, A. Fawzi, P. Frossrd: DeepFool: A Simple and Accurate Method to Fool Deep Neural Networks, arXiv:1511.04599, 2016.

[8]　N. Papernot, P. McDaniel, S. Jha, M. Fredrikson, Z.B. Celik, and A. Swami: The Limitations of Deep Learning in Adversarial Settings, In *Proc. 1st IEEE ESSP*, pp.372-387, 2016

[9]　N. Carlini and D. Wagner: Towards Evaluating the Robustness of Neural Networks, In *Proc. IEEE SSP 2017*, and also arXiv:1608.04644, 2016.

を目的として攻撃手法が検討されましたが，万能の防御手法はなさそうだとわかってきました[10]．最近は，人の目を欺ける微小な攪乱を高速生成する方法に研究の関心が移っているようです．

妨害物

妨害物による敵対攻撃は，画像化される前の実世界の物体への加工によって敵対性が生まれること[11]を示したものです．画像化の対象に「もの」を追加する方法で，内容による攻撃（Content-based Attacks）と呼ばれることがあります．本書では妨害攻撃（Obstacle Attacks）と呼びます（2.3節）．

自動運転への攻撃　　敵対攪乱は人の目視では気づかないような微弱なセマンティック・ノイズを利用する方法でした．一方，妨害物データは人が気にしないような物体を配置した画像が，深層ニューラル・ネットワークに誤予測を生じさせるというものです．2章で述べたように，交通標識の誤分類[11]が有名で，実験では，停止標識（STOP）に黒いペンキの落書きのような矩形を加えると，速度制限（SPEED LIMIT）に誤分類することを示しました．停止すべき箇所を通行するわけですから交通事故の原因になるかもしれません．

自動運転車は道路の動線を画像認識してハンドルの角度を決めます．Udacityチャレンジでも取り上げられている重要な機能です．5.1節では，訓練・学習時と異なる気候状況で検査すると，予測したステアリング角度に不具合が生じる検査事例を紹介しました．一方，妨害物攻撃によって，道路の動線そのものを誤認識させることが可能という実験[12]が報告されています．

道路の動線認識に，道路上に描かれた車線境界線を利用する方法があります．対向車線との境界を示す線です．この実験では，路面の進行方向に対して斜めに白い破線をペイントしました．すると，自動認識プログラムは，この白い破線に誘導されて，対向車線に侵入するようにステアリング角度を計算したのです．正面衝突の事故が起こるかもしれません．

---

[10] N. Carlini and D. Wagner: Adversarial Examples are not Easily Detected: Bypassing Ten Detection Methods, In *Proc. AISec 2017*, and also arXiv:1705.07263, 2017.

[11] I. Evtimov, E. Eykholt, E. Fernandes, T. Kohno, B. Li, A. Prakash, A. Rahmati, and D. Song: Robust Physical-World Attacks on Deep Learning Models, 2017.

[12] Tencent Keen Security Lab.: Experimental Security Research of Tesla Autopilot, Tencent Keen Security Lab., 2019.

敵対擾乱との比較　　妨害物による敵対データは，元データに余分な物体を追加した画像になります．元データに何もなかった場所に妨害物があるとして，妨害物が占める領域のピクセル数を D，そのピクセル値 d がすべて同じで元データのピクセル値よりも大きいとしましょう．この時，(1) 0 でないピクセルの個数が増える，(2) d が最大値になる，(3) 妨害物領域のピクセル D 個について値が d だけ元データよりも大きい，です．(1) より L_0 ノルムの値が，(2) より L_∞ ノルムの値が，(3) より L_2 ノルムの値が，各々大きくなります．敵対擾乱は，方式によって異なるノルムで距離を計算しますが，微小な値が敵対性を示すものでした．敵対擾乱と妨害物は，元データとの距離が異なる特徴を持つことがわかります．両方を同時に防御することが難しいです．

　なお，自動運転車のようなオープンな外部環境に対応しなければならないシステムでは，妨害攻撃が大きな脅威になります．蛇足ですが，ここで紹介した標識の誤分類や動線の誤誘導は，5.1 節で調べた訓練データ不足による不具合とは原因が違います．一方で，利用者からすると期待通りの振舞いを示さないことから，自動運転車の欠陥に見えるのです．

敵対データの性質

　敵対データを敵対擾乱と妨害物に分類して説明しました．いずれも深層ニューラル・ネットワークの誤予測を誘発する入力データです．一般には，敵対データという場合は前者の擾乱による方法を指すことが多いです．ここでは，敵対擾乱の性質についてまとめておきます[13]．まず，微小な敵対擾乱の大きさを測定する指標に用いるノルムによって攻撃手法の方式を分類できること，誤予測結果のタグを指定する目標明示型と誤予測結果が何になるかわからない目標非明示型があることを述べました．

ブラックボックス性　　先に紹介した方法では，訓練済み学習モデル $y(W^*; {\_})$ を用いて敵対データを生成しました（図 6.1）．攻撃対象の内部ネットワークが既知なので，ホワイトボックス法と呼びます．これに対して，攻撃対象の内部を知る必要のないブラックボックス法でも敵対データ生成ができることがわかりました．対象の学習モデル $y(W; {\_})$ を知らなくても攻撃できるということです．

---

[13] I. Goodfellow, P. McDaniel, and N. Papernot: Making Machine Learning Robust Against Adversarial Inputs, *Comm. ACM*, 61(7), pp.56-66, 2018.

転用性　敵対データは転用性（Transferability）という興味深い性質を持つことがわかりました．生成した敵対データを他の訓練済み学習モデルの攻撃に用いる異種学習モデル間の転用性，異なる訓練データセットを用いた訓練済み学習モデルの攻撃が可能な異種訓練データセット間の転用性，が成り立ちます．さらに，驚くべきことに，異なる学習方式間でも転用性を示します．たとえば，深層ニューラル・ネットワーク上で生成した敵対データがサポート・ベクトル・マシンでも敵対性を示すなどです．

　これまでの研究によって，敵対攪乱が，このような興味深い性質を持つことがわかってきました．残念なことに，新しい性質を持つことがわかる都度，敵対攪乱が生じる本質的な理由への理解に混乱をもたらしました．深層ニューラル・ネットワークの学習機構に特有な性質であれば，他の学習方式への転用性を持たないでしょう．統計的な訓練・学習の方法そのものに原因があるのでしょうか．あるいは，学習方式ではなく，訓練データそのものに理由があるのでしょうか．大変，興味深い基礎的な研究テーマであると同時に，6.3 節で紹介する防御あるいは検知法の確立と強く関連します．

6.3　防御と検知

　攻撃法の研究と並行して，敵対データの防御や検知の方法の研究が進められています[14]．

6.3.1　代表的な防御・検知の手法

　敵対データ対策は，防御あるいは検知を目的とした研究に分けることが出来ます．防御の方法は，敵対データが入力された場合でも誤予測を生じない予測・推論プログラムを得ることで，誤予測しないように学習モデルを訓練する手法の確立を目指します．一方，検知の方法は，入力データが敵対攪乱を含むか否かを調

---

14) N. Papernot, P. McDaniel, A. Sinha, and M. Wellman: SoK: Towards the Science of Security and Privacy in Machine Learning, In *Proc. IEEE ESSP 2018* and also arXiv:1611.03814, 2016.

べる方法に主眼があって，予測・推論プログラムと同時に作動させて並行検査する手法です．入力データが敵対擾乱を含むことがわかれば，予測・推論結果を無効にすれば良いです．また，防御を目的として考案された方法には，検知の方法に応用できる技術があります．

　以降，要素技術から代表的な手法をみていきます．複数の手法を組み合わせることで，期待する敵対ロバスト性を達成する研究もあります．また，特定の攻撃法に対する防御・検知の方法と，攻撃法によらない汎用の方法に分けることもできます．残念なことに，実用的に有用な一般的な解決法は未確立です[13]．なお，本書では，敵対性を示さないデータをクリーン・データ（Clean Data）と呼ぶことにします．

データ補完による学習

　データ補完は訓練データを増やす系統的な方法です．敵対データを補完すれば，敵対ロバスト性に優れた予測・推論プログラムを得ることができるかもしれません．敵対性を示すデータ $\vec{x}^{(k)}$ と，その目視上の正解タグ $t^{(k)}$ の組を訓練データセットに追加して訓練・学習すれば良いです．

　このデータ補完の方法は，検知器訓練（Detector Training）に応用できます．クリーン・データと敵対データを分類する検知器を深層ニューラル・ネットワークで実現する方法です．素朴には，予測・推論を行う主ネットワークと独立した検知器ネットワークを並行動作させて同じデータを入力します．また，変形として，主ネットワークの中間層までを共用し，途中から検知器サブネットワークに分岐させる方法もあります．いずれの場合も，検知器が敵対データと判断しない入力はクリーン・データであるとして，主ネットワークの予測・推論結果を採用します．

学習方式の工夫

　敵対データ訓練（Adversarial Training）は，データ補完による方法と関連します．訓練学習で行う目的関数 $\mathcal{E}$（式 (2-3) 参照）を工夫することで，敵対データの学習効率を向上させる技術の総称です．

勾配マスキング（Gradient Masking）[15]は，敵対擾乱が微小なことに着目しました．入力データが微小変化したとし，この変化に対する出力感度を抑える方法で，付加された擾乱の効果を打ち消すように学習します．敵対データ生成の方法によって微小な変化の仕方が異なるので，対応可能な攻撃法が限定されること，また，クリーン・データに対する予測確率（正確性）に悪い影響を生じることが多いという欠点があります．

敵対性学習（Adversarial Learning）は，個別に考案された方法を統一的に整理した方法です．通常の訓練・学習法は経験リスク最小化の問題（式 (2-5)）でした．これに対して，敵対リスクを最小化する問題[16]とし，次の式 (6-3) を用います．

$$W^* = arg \min_{W} \max_{\delta} E_{\langle \vec{x}, t \rangle \sim \rho_{em}} [\![\ell(y(W; \vec{x} + \delta), t)]\!] \tag{6-3}$$

直感的には，$\vec{x}$ の δ 近傍に敵対擾乱が含まれると仮定し，このデータの集まりを考慮して W^* を求めます．敵対データとの最小距離を表す敵対ロバスト半径の計算に無限ノルム L_∞ を用いた方法が有効という実験結果が報告されています．つまり，FGSM 対策です．なお，訓練データセットのデータ数を増やして正確性を向上させようとすると，データが密になって敵対ロバスト半径が小さくなります．その結果，正確性と敵対ロバスト性が両立しないという興味深い観察結果が報告[17]されています．

入力フィルター

入力フィルターは事前処理の方法を用いて微小な敵対擾乱を除去した後，予測・推論を担う主ネットワークにデータを入力する方式です．すべての入力データがフィルター対象になり，情報が減ることから，クリーン・データの予測性能に悪い影響を及ぼすことが多いです．

[15] N. Papernot, P. McDaniel, I. Goodfellow, S. Jha, Z. Berkay Celik, and A. Swami: Practical Black-Box Attacks against Machine Learning, *Proc. ASIA-CCS 2017*, pp.506-519, and arXiv:1602.02697, 2016.

[16] A. Madry, A. Makelov, L. Schmidt, D. Tsipras, and A. Vladu: Towards Deep Learning Models Resistant to Adversarial Attacks, arXiv:1706.06083, 2019.

[17] D. Tsipras, S. Santurkar, L. Engstrom, A. Turner, and A. Madry: Robustness May Be at Odds with Accuracy, In *ICLR 2018* and also arXiv:1805:12152, 2019.

　ノイズ除去（De-noising）の方法は，敵対攪乱が空間的な高周波成分に対応すると仮定し，攪乱成分を除去するフィルターを導入します．従来から知られている信号処理技術を利用する手法で，たとえば，JPEG エンコードを応用する方法があります．

　入力データ変換（Input Transformation）は，さまざまな事前処理の総称です．いくつかの方法が提案されていますが，敵対攪乱の微小変化を平準化するように入力データの値を加工する特徴量の値圧搾（Feature Squeezing）[18]や平滑化フィルター（Smoothing Filter）があります．

　また，次元削減（Dimensionality Reduction）は，特徴量の種類を減らして入力ベクトル・データの次元を削減する手法です．具体的な方法として，統計学で使われている主成分分析（Principal Component Analysis, PCA）などを利用します．次元削減によって情報が減った入力データを処理するので，低次元化したデータを入力するネットワークのモデル・キャパシティ（Model Capacity）が小さくなり，敵対攪乱に不感応になると考えます．

　なお，深層ニューラル・ネットワーク（DNN）は表現力が高いので，さまざまな非線型関数を実現できます．PCA を自己符号器（Autoencoder）[19]という特殊な DNN で実現可能なことが知られています．そこで，DNN で実現した自己符号器による PCA を次元削減に使う方法[20]が提案されています．

予測確からしさの比較

　ひとつの入力データに対する複数の予測・推論結果を比較する方法です．今，クリーン・データの予測結果が同じで，敵対データに対する結果が一致しない複数の予測・推論ネットワークを構成できたと仮定しましょう．この予測結果の違い（予測感度）を調べれば，入力が敵対データかどうかが推定できます．

　予測感度を敵対データ検知に応用する方法として，入力データ変換によって加工したデータを利用する研究があります．特徴量の値圧搾法[18]は，複数のネットワークを利用し，予測結果を比較して不一致になるかを調べる予測離齬（Pre-

---

[18] W. Xu: Feature Squeezing: Detecting Adversarial Examlpes in Deep Neural Networks, In *Proc. NDSS 2018*, and also arXiv:1704.01155, 2018.

[19] I. Goodfellow, Y. Bengio, and A. Courville: Ch.14, Ibid., The MIT Press 2016.

[20] D. Meng: Magnet: a Two-Pronged Defense against Adversarial Examples, In *Proc. CCS 2017*, and also arXiv:1705.09064, 2017.

diction Inconsistency）の方法と組み合わせます．

　また，深層ニューラル・ネットワークの学習モデルが異なると，敵対データに対する汎化性能が影響を受けることが多い，という経験則があります．クリーン・データに対しては同等の良い予測確率を示す一方で，敵対データに対しては予測確率が異なるような予測・推論ネットワークを複数用いて，それらの予測感度を比較する方法です．

統計指標の応用

　クリーン・データと敵対データを統計的な分析によって区別する方法があります．統計指標の対象データの情報を入力データ（イメージ空間）から得るか，予測・推論ネットワークの中間層（内部活性状態）から得るか，によって手法を分類できます．なお，2 標本の仮説検定の方法を応用してクリーン・データと敵対データを区別可能なことがあります．個々の入力データが敵対性を示すか否かを調べる方法ではないので，防御や検知には使えません．

　イメージ空間の情報を利用するアプローチは，入力データ変換の次元圧縮に主成分分析を用いる方法と似た発想です．一方で，このような入力データの静的な情報だけでは，微小な敵対攪乱の影響を知ることが難しく敵対データの検知が不十分です．予測・推論ネットワークの計算過程から得られる内部情報，特に，出力層のひとつ前の中間層（Penultimate Layer と呼ばれる層）から得られる情報が有用なことが多いです．内部活性状態の情報としては，隠れ層についてカーネル密度推定やベイズ推定によって敵対データを検知する方法や，分類境界の複雑さに関わる局所的な固有次元（Local Intrinsic Dimensionality）を利用する方法があります．

　最近の興味深い技術として，予測・推論ネットワーク内の中間層での活性状態分布に着目する研究 NIC[21]があります．まず多数のクリーン・データによる活性状態の分布に着目します．ある層での活性状態分布，あるいは，その分布の層間伝播を表す関数を，クリーン・データに対して求めておいて，不変量（Neural Network Invariants）とします．次に，新たな入力データが不変量を満たすか否かを実行時検査します．満たさない場合は，クリーン・データと異なる特徴

---

21) S. Ma, Y. Liu, G. Tao, W.-C. Lee, X. Zhang: NIC: Detecting Adversarial Samples with Neural Network Invariant Checking, In *Proc. NDSS 2019*, 2019.

を持つので，入力データを敵対データと判断します．この方法は，特定の攻撃法への対策ではなく，L_0, L_2, L_∞ といったノルムの違いに依存しません．

NIC は興味深い方法ですが，有効か否かは，事前の不変量計算に用いるクリーン・データの集まりに依存します．検査対象の入力がクリーン・データであっても，不変量計算時の分布からズレていれば，誤って敵対データと判断する誤検知になるかもしれません．また，NIC で区別できない敵対データが入力される場合，見逃しが生じます．実験では，誤検知が数 %，見落としは 10% 以下という結果が得られたということです．

なお，NIC の方法は，活性ニューロンの分布を取り扱うという点で，5.2 節で紹介した検査網羅性基準の議論と着眼点が共通しています．

6.3.2　実用性からの考察

敵対データの防御と検知の方法について，最新の研究状況を見てきました．特定の敵対データ生成方法対策を考える研究事例が多いです．特定の攻撃法に限定しても，完全な対策ができれば，機械学習の研究として興味深いからです．

ノルム依存の方法　　一方，これらの敵対攪乱への対策では，追加した微小ノイズの大きさを測定するノルムを決める必要があり，技術的な対策法はノルムに依存します．ノルムによって特徴が異なるので，さまざまなノルムに対応可能な対策を講じることは困難です．ある攻撃法に対して防御・検知できても，それ以外の攻撃には脆弱さが残ることに注意しなければなりません．

ノルム非依存の方法　　NIC などのノルムに依存しない敵対攪乱対策や妨害物対策では，誤検出や見逃しの頻度が問題になります．誤検出（Spurious Alarms）は，クリーン・データを敵対データと判定することです．また，敵対データが検査をすり抜けることを見逃し（Overlook）といいます．感染症検査などの用語を借りて，誤検出を偽陽性（False Positive），見逃しを偽陰性（False Negative）ということもあります．感染していると陽性（Positive）になるので，誤って陽性と判定することを偽陽性とよぶわけです．

誤検出ならびに見逃しの両方を小さくしたいのですが，一般に，この 2 つは両立しません．極端な例ですが，すべてを敵対データだと判定したとしましょう．見逃しは全くないですが，誤検出が大きくなり実際的（Practical）であり

ません。誤検出ならびに見逃しの頻度は，評価用データセットを用いた統計的な分析を行って事前に確認します。さらに，運用時の検査対象データが，この評価用データセットの分布から大きく逸脱しないことを実行時監視（Runtime Monitoring）する枠組みを併用します。

6.3.3　ノイズ再考

　敵対データが生じる理由を解明できれば，防御あるいは検知の問題を本質的に解決できるでしょう。特定の敵対データ生成法への対策は，混入された敵対攪乱のノルムで定義できる特徴が敵対性の理由であると仮定したものでした。一方，訓練データ自身に，敵対性を生じる原因があるという観察[22]があります。この考え方に立つと，先に紹介したように，深層ニューラル・ネットワーク以外の学習方式でも敵対性が生じる理由の説明がつきそうです。

　ここでは，敵対性を生じる原因が訓練データあるという考え方を紹介します。

ロバストな成分

　今，画像を分類する問題を考えます。画像データはアナログ信号で表されていた元情報をデジタル化しピクセルの集まりとして表現したものです。このデジタル化された画像を多次元ベクトル $\vec{x}^{(n)}$ で表し，正解タグ $\vec{t}^{(n)}$ と共に訓練データとして使う状況を考えます。

規則性と汎化　デジタル・データ $\vec{x}^{(n)}$ を，仮に，元のアナログ信号に戻して考えると，正解の分類情報を導く成分に加えて，それ以外の，いわばノイズのような成分も含むでしょう。つまり，正解タグを再現するのに不可欠な成分に加えて，存在してもしなくても正解タグの再現に関わらない付加的な成分を含むわけです。ここでは，前者の必須成分をロバスト成分，後者のノイズ成分をゴースト成分と呼ぶことにします。

　深層ニューラル・ネットワークの訓練・学習は，多数の訓練データから得られる成分を適切に汎化し訓練済み学習モデルを導きます。ロバスト成分は正解タグに対応する画像を再現するような規則性を持ちます。この規則性が抽出されて，

---

22) A. Ilyas, S. Santurkar, D. Tsipras, L. Engstrom, B. Tran, and A. Madry: Adversarial Examples Are Not Bugs, They Are Features, arXiv:1905:02175, 2019.

未知の入力データに対して期待通りの適切な予測分類を行う訓練済み学習モデル
を獲得できます.

ゴースト成分

ここで, 訓練データはロバスト成分に加えて, ゴースト成分も持っていたこと
を思い出して下さい.

ゴースト成分の汎化　　訓練・学習過程では, ロバスト成分だけでなく, ゴース
ト成分も汎化されます. 仮に, ゴースト成分がランダムだとすると, 多数の訓練
データからのゴースト成分の汎化結果は, 互いに打ち消し合って, 何の効果も示
さないかもしれません.

ゴースト成分に何らかの規則性があると, その汎化結果は, ロバスト成分の
汎化結果とは異なる情報に集約される可能性があると仮定します. ゴースト成
分から得られた汎化結果は, 正解が既知のデータ $\vec{x}^{(n)}$ からのズレが大きな入
力データ $\vec{x}^{(m)}$ に対しても元データの正解タグ $\vec{x}^{(n)}$ を再現するかもしれません.
たとえば, 元データ $\vec{x}^{(n)}$ が目視上も正解も「6」で, $\vec{x}^{(m)}$ が目視上「4」に擾乱
を加えた入力データとします. この時, 適切なノルムを用いて, 目視上の関係
$\|\vec{x}^{(n)} - \vec{x}^{(m)}\|_p > \delta$ が成り立つ一方で, $\vec{x}^{(m)}$ を「6」に分類するようにゴースト成
分の汎化結果が寄与するということです.

この考え方は, 敵対性を生じる原因が深層ニューラル・ネットワークの訓練・
学習機構にあるのではなく, 訓練データにある, という仮定に基づきます. ま
た, 訓練・学習機構が適切に働くからこそゴースト成分を汎化することができ,
さらに, この獲得した汎化機構が正しく作動することで入力データの擾乱が敵対
性を導いた, と解釈します.

敵対擾乱とゴースト成分　　敵対擾乱とゴースト成分の関係を,「パンダと手長
ザル」の具体例[6]で検討します. 実験によると, 元データの「パンダ」の確か
らしさは57.7％で, 誤予測結果である「手長ザル」の確からしさは99.3％でし
た. このような元データは「パンダ」に対応するロバスト成分の割合が低いから
こそ, 正解の確からしさが小さくなり, また, パンダ以外に分類される可能性が
ある成分を含んでいたのでしょう. そこで, 敵対データ生成の方法を適用する
と, 元データのパンダ成分以外が強められて手長ザルという結論を導くような敵
対擾乱を効率よく導入できたのではないでしょうか.

　簡単な実験を行うと，正確性が低い元データに敵対攪乱を加えたデータは誤分類の正確性（敵対的な正確性）が高くなることが多いです．上記のパンダの例を裏付けるようです．

敵対データ検知への応用　デジタル画像がロバスト成分とゴースト成分からなるという見方を，予測の齟齬に基づく敵対データ検知の仕組みに応用することができます．差分検出（Difference Detection）という方法です．

　ロバスト成分を適切に汎化する一方で，ゴースト成分から汎化に有用な情報抽出を抑止するような深層ニューラル・ネットワークを用います．通常の予測・推論ネットワークと，この汎化能力の劣るネットワークを，同時実行させて，同じ入力データに対する両者の予測の確からしさを求めます．2つの結果の差が無視できるほど小さければ，検査対象の入力データはクリーン・データで，一方，差分が大きければ敵対データであると推定できます．残念なことに，これまでの実験では，誤検出ならびに見逃しの率が好ましくありません．未だ実用的な技術になっておらず，今後の研究が必要です．

真の理由に向けて

　訓練データ自身に敵対性を生じる原因があるという話題を紹介しましたが，これとは異なる意見の研究者もいます．

モデル・キャパシティ　深層ニューラル・ネットワークの学習能力（モデル・キャパシティ）が小さいことに原因があるという考察です．その理由は，人は目視で敵対データに欺かれない，ということを，どのように説明するのか，という疑問から生まれました．十分に大きなモデル・キャパシティがあれば，敵対データの誤予測を生じない筈というわけです[23]．ところが，この「十分に大きい」というのが曲者で，現在が使われている学習モデルに比べて，指数関数的に大きなスケールが必要であると論じられています．

　画像認識という問題に限定しても，深層ニューラル・ネットワークが人間を超えることが現実的でないとわかります．

欠損ロバスト性　敵対ロバスト性と欠損ロバスト性（Corruption Robustness）に関連性がある，という見方が話題になっています．欠損データ（Corrupted

---

23) P. Nakkiran: Adversarial Robustness May Be at Odds With Simplicity, arXiv:1901.00532, 2019.

Data）はベクトル成分の一部が壊れ，クリーン・データの対応成分と異なる値になったものです．SQuaRE データ品質モデル（4.2 節）からみて品質が劣るデータといえるでしょう．

欠損ロバスト性は，クリーン・データに対する欠損の度合いが予測分類結果に，どのように影響するかを論じる観点です．欠損データが予測・推論プログラムに入力されると予測の確からしさが低下します．訓練・学習時に用いた訓練データの分布からズレたデータであることが理由で，分布シフト（Distribution Shift）と云われます．このようなデータ・シフトは実用上の障害ですから，欠損ロバスト性に優れた訓練・学習の方法が活発に研究されています．

最近，欠損データを敵対ロバスト性の簡易評価に応用する方法が提案されました．確率分布ノイズ（ガウス・ノイズ等）を付加した欠損データに対する理論的な考察と実験によって，興味深い知見が報告されました[24]．敵対性学習（式(6-3)）で得た予測・推論プログラムは L_∞ ノルムの敵対データへの耐性が強いだけでなく，ガウス・ノイズの欠損データに対して良い欠損ロバスト性を示します．逆に，欠損ロバスト性が低いと，敵対ロバスト性も悪くなります．一般に，運用時に，どのような攻撃法による敵対データが入力されるかは予測できません．予測・推論プログラムの敵対データに対する簡易検査の方法として，欠損データセットを用いるのが現実的だろうという提案です．

---

[24]　N. Ford, J. Gilmer, N. Carlini, and E.D. Cubuk: Adversarial Examples are a Natural Consequence of Test Error in Noise, In *Proc. ICML 2019*, and also 1901.10513, 2019.

第7章 機械学習ビジネス・エコシステム

　これまで見てきたように，機械学習は従来のソフトウェアと異なる特徴を持ちます．システム開発ビジネスに，どのような影響を与えるでしょうか．

7.1 機械学習ソフトウェアの開発業務

　機械学習ソフトウェアの特徴を開発の進め方から見ていきましょう．

7.1.1 機械学習利用システム

機械学習コンポーネント　　機械学習プログラムが単独で使用されることは，あまりありません．出力した予測結果を利用する他のアプリケーション・プログラムに組込まれます．つまり，特定の機能を提供するライブラリ・プログラムの役割を担います．たとえば，5.1節で自動運転の車に搭載される深層ニューラル・ネットワーク（DNN）を紹介しました．このDNNは，制御プログラムの一部機能（図5.1）を担うものです．そこで，本章では，このようなDNNプログラムを機械学習コンポーネントと呼びます．

　機械学習利用システムは，その構成要素に機械学習コンポーネントを含みます．図7.1に示すように，コンピュータを中心とするハードウェア・システム上で作動するソフトウェア・システムです．この全体は従来型のソフトウェアですが，機械学習コンポーネントをライブラリとして利用します．たとえば，図5.1のステアリング角度計算機能は，DNNプログラムの予測結果を利用する従来型プログラムでした．

　利用者の立場では，DNNプログラムを使っているか否かは，どちらでも良い

図 7.1 機械学習利用システム

ことかもしれません．関心があるのは機械学習利用システムが全体として提供する機能やサービスです．機械学習コンポーネントを使うかどうかは開発の都合のこともあります．

　一方で，データを利活用するソフトウェアでは，期待される機能が開発可能かどうかが問題になることがあります．たとえば，手書き数字の分類問題（1.2節）は，正解率を向上させようとすると，従来の方法でプログラム作成することが難しい例でした．そして，今後，システム化の対象が複雑になるにしたがって，機械学習の方法を応用した機械学習コンポーネントが必然的になると考えられています．

機械学習への要求　　ソフトウェア工学の用語では，利用者あるいは顧客のシステムへの期待・願望を要求（Requirements）といいます．標準的には，機械学習利用システム（図 7.1）への期待が，このような「要求」に相当します．一方，本書では，機械学習コンポーネントの開発を前提としたシステム化の話題を扱い，その機械学習コンポーネントの「要求」を考察の対象にします．そこで，全体要求と機械学習コンポーネントへの要求を区別し，後者を機械学習要求（Machine Learning Requirements）と呼ぶことにします．

　機械学習コンポーネントの機能振舞いは訓練・学習に用いるデータに依存しますから，訓練データセットを仕様と見做すことがあります．ところが，具体的なデータの集まりが顧客要求を忠実に表しているかは明らかではありません．4.1節では，手書き数字分類問題の素朴な分析結果とデータセットの関係を説明する方法として，RD という要求文書の考え方を応用しました．ソフトウェア工学の知見として得られた要求に関わる技術を，機械学習要求の問題に応用できるかどうかを検討しましょう．

　蛇足ですが，従来の要求工学の対象範囲を確認しておきます．利用者の立場では，図7.1の全体要求が主な関心事で，機械学習の技術を使うか否かは開発者の都合かもしれません．本章では，従来の要求工学で得られた知見を，新しい課題である機械学習要求の問題に応用しようということです．混乱しないようにして下さい．

7.1.2　要求工学

　要求工学に関する従来の見方を整理します．

要求と要件　ソフトウェア・システムの開発プロジェクトは，システム化の方針や計画策定から始まり，開発スケジュール，予算，コンプライアンス要件などの要求事項を整理します．その後，システム化の具体的な業務要件などを洗い出します．ここで，要件定義という用語は，主として，実務の場で使われ，ソフトウェア工学の体系あるいは教科書では，ソフトウェア要求（Software Requirements）と呼ぶのが普通です．以下，本章では，要件と要求という言葉を適宜，使い分けます．本質的には同じです．

要求工学のはじまり　ソフトウェア工学が登場したのは1968年のことで，既に半世紀以上の歴史があります．その後1980年代後半になって，要求仕様に関わる技術体系として要求工学（Requirements Engineering）が生まれました．それまで要求仕様は，ソフトウェア工学の外側で，ソフトウェア開発を開始する前の段階で決めることでした．

　一般に，コンピュータ・システムはハードウェア機器とソフトウェアで構成されます．そこで，ソフトウェア開発に先立って，ハードウェアとソフトウェアの全体に関わるシステム・エンジニアリング（Systems Engineering）の枠内で，システムの要求仕様が検討されました．ソフトウェア工学は，所与のソフトウェア要求仕様を出発点とし，系統的に開発を進める技術の体系です．主な目的は，開発の生産性と製品品質の信頼性の向上を支えることです．要求仕様から出発し，一連の開発ステップが，水の流れのように進むウォーターフォール型プロセスを想定しました．

　現実には，要求仕様に欠陥があると，開発ソフトウェアの品質が大きく影響されます．たとえば，プログラム開発が終了した後の検査段階で，要求機能の不足

や要求仕様の誤りに気づくと，設計工程からプログラム開発をやり直すという後戻りが生じます．生産性と信頼性を向上させるには，要求仕様の完成度や品質を高めることが重要です．要求仕様に関わる技術体系が要求工学と命名され，ソフトウェア工学の一部を占めることになりました．

　要求仕様はシステム化の要求事項を過不足なく表し，その記述に曖昧さや矛盾があってはなりません．開発対象に関わる情報を完全に把握することが大切です．要求仕様を検討する初期段階では，未知の事柄が多いでしょう．要求仕様の作成は，何が既知で何が未知なのかを明らかにし，未知を既知にしていく過程です．「Known Unknown から Known Known へ」といえます．

データ利活用の視点へ　機械学習やビッグデータ・アナリティックスなど，データ利活用のソフトウェア開発では，従来になかった技術的な側面が注目されました．その違いは，データ・サイエンティスト（Data Scientists）や概念実証（Proof of Concept, PoC）といった言葉に現れます．開発の初期段階で行う作業や要求仕様の内容が従来のソフトウェア開発と異なることが理由です．一方で，本書の各章で見てきたように，機械学習といえどもソフトウェアです．ソフトウェアの品質向上に関わる技術を着実に適用し，その基本の上に，新しい視点を交えて開発法を改良します．

ステークホルダ　PoC 開発は，後に見るように，どのような機械学習コンポーネントを開発するかを具体的に決める作業です．従来のソフトウェア開発の要求仕様作成に対応するでしょう．ステークホルダ（Stakeholders）という概念[1]を用いて整理すると，要求仕様の作成過程を見通し良く説明できます．

　ステークホルダは，開発対象ソフトウェアの関係者のことをさし，日本語への直訳だと利害関係者です．一般にソフトウェア製品の購入者，利用者・ユーザ，開発の発注者，開発技術者，運用オペレータなどを含みます．ステークホルダは各々，自分にとって必要あるいは重要と思われる要求を出し合います．たとえば，利用者は使いやすい操作性を，開発者は実現の容易性を，発注者は完成までの期間や開発費用を気にするでしょう．つまり，多面的な視点から検討し，客観的な要求仕様をまとめようという考え方です．要求仕様は，ステークホルダ全員が納得し合意した成果物である，と理解して下さい．

---

[1] 中谷多哉子，中島震：第4章, Ibid., 2019.

　なお，本章では，後に，ソフトウェア開発の業務委託に触れます．その際，一般的な習慣にしたがって発注者・業務委託者をユーザ，業務受託者をベンダーと呼ぶことにします．

7.1.3　複雑な問題へのアプローチ

　ソフトウェア技術でシステム化する問題が複雑になると共に，さまざまな開発方法が試みられてきました．これらの方法と機械学習ソフトウェア特有の方法の関連を知ることで，既に得られている知見を活用できると期待します．

アジャイル・ソフトウェア開発

　機械学習コンポーネントの機能振舞いはデータセットで決まります．いわば，データセットが仕様を決めるということです．逆からの表現ですが，「データセット選択の偏りは仕様の欠陥である」という言葉[2]が，これを端的に表すでしょう．これに対して，従来のウォーターフォール型のソフトウェア開発の考え方では，要求仕様の文書を作成し，開発過程初期の生成物としました．以降の設計工程，プログラム作成工程，さらに一連の検査の工程を規定します．たとえば，図3.1のV字開発モデルを参照して下さい．

　一方，ウォーターフォール型開発が相応しくないソフトウェアがあります．たとえば，対話的なシステム（Interactive Systems）では，利用者からみた使いやすさが重要視されます．SQuaREの用語では，製品品質特性の使用性（Usability），利用時品質特性の満足性（Satisfaction）からみた品質が重要です．利用者の評価が必要な特性ですから，ベンダーが独断で決めることができません．そこで，作動するプログラムを開発し，ユーザが試行・評価しながら改善していく開発方法が広まりました．要求機能の整理とその実現方法の両方を同時に具体化します．一般に，アジャイル・ソフトウェア開発（Agile Software Development）と云われます．

　アジャイル宣言（Manifesto for Agile Software Development）[3]にあるよう

[2]　J.J. Heckman: Selection Bias as a Specification Error, *Econometrica*, 47(1), pp.153-161, 1979.

[3]　http://agilemanifesto.org/

に，「網羅的なドキュメントよりも動くプログラムの作成を優先する」が基本的な考え方を表します．プログラムを実行させて機能が期待通りであるかを確認し，以降の改良あるいは追加開発につなげ，ユーザが満足するソフトウェア・システムを完成させる，というものです．

実現見通し

　機械学習ソフトウェアはアジャイル型の開発方法と相性が良いと云われます．提供機能の整理と共に，解決方法の裏付けを得ること，実現の見通しを得ることが重要だからです．

実験的な手法　　どのようなデータを収集してデータセットとすれば，ステークホルダの素朴な要求を満たせるのか，データセットを眺めていてもわかりません．データ・サイエンティストは，学習モデルを決めて，訓練データセットを使って学習させます．そして，得られた訓練済み学習モデルが期待通りの予測結果を示せるかを実験します．訓練データセットを拡充したり，学習モデルを改良・洗練したり，さまざまな工夫を凝らして，ユーザの素朴な要求を達成できるかを試行錯誤します．

　また，予測の正解率を可能な限り100%に近づけたいとしても，そもそも，得られる訓練データセットに限界があって，目標が達成不能なこともあります．データ・サイエンティストが主になって実施した実験・試行の結果を精査することで，ユーザは正解率への素朴要求を変更せざるを得ないかもしれません．

PoC開発　　このような開発と試行による評価を繰り返す方法は，従来のアジャイル・ソフトウェア開発と似たところがあります．機械学習ソフトウェアの場合，学習モデルの決定，訓練データセットの整備などからなる作業の繰り返し過程を経て，実現可能性を確認します．プログラムの機能面での改良が主な作業だったアジャイル的な開発と異なることから，PoCという用語を用いて従来の繰り返し型ソフトウェア開発との違いを強調します．

　機械学習ソフトウェア開発の進め方では，PoCによって要求仕様を合意し，その後，本格開発に着手します．しかし，ユーザが技術的に達成不可能な要求を望む場合，PoC段階で開発が頓挫するかもしれません．ユーザの機械学習技術への理解不足が原因であれば，PoC開発に関わったすべてのステークホルダにとって不幸なことです．

　データ・サイエンティストは，従来のソフトウェア技術者と異なる素養が必要とされています．どのような素養なのかは，後に見ていきます．

問題の複雑さ　　従来のアジャイル・ソフトウェア開発は，要求仕様を事前に明確化することが難しい時の解決アプローチでした．しかし，実現可能性が全くわからないということではありません．いくつかの解決法があり，その中からどれを選択すればステークホルダ（特にユーザ）の同意を得られるか，を試行錯誤的に進めていく，という状況です．試行・評価を行いながら，最善ではないにしても次善の解を選ぶわけです．

　機械学習ソフトウェアの場合，たとえば，100% に近い理想的な正解率を要求されても，対象学習タスクの種類や訓練データセットの選び方によっては実現が困難です．このような状況で，データセットの収集や整備にユーザの協力が得られなかったら，この要求は明らかに達成が困難でしょう．PoC の目的は，ユーザの協力を得て，技術的な実現の見通しを確実にすることです．ユーザとの協働という点がアジャイル・ソフトウェア開発に近い発想です．無計画にプログラムを作成することではありません．

　要求工学では，このような実現見通し（Implementation Forecast）を得ることを，要求仕様作成フェーズの重要な役割のひとつとしています．方式あるいは解決アルゴリズムを伴わない要求仕様は絵に描いた餅です．どのようにして実現見通しを得るかは，要求工学の議論が始められた 1980 年代から重要なテーマと認識されていました．その頃，コンピュータの利用形態が変化し，ソフトウェア技術で解決しようとする問題が，複雑になってきたこと[4]が理由です．このような問題は，取り巻く環境が変化したり，最適解が未知であったり，といった複雑さ（Complex）[5]を示します．そこで，試行錯誤過程を通して，解法の探索と同時に要求仕様を明らかにしていく方法が導入されました．

実現見通しと PoC　　一般に，要求仕様は，提供する機能を整理した機能要求，性能や保守容易な構造といった機能外要求と共に，解法の裏付けとなる実現見通しをまとめた開発成果物です．

　機械学習の方法による解決策では，解きたい問題が具体的なデータの集まりと

---

[4] 中谷多哉子，中島震：第 3 章，Ibid., 2019.

[5] D.J. Snowden and M.E. Boone: A Leaders' Framework for Decision Making, *Harvard Business Review*, pp.108-119, 2008.

して与えられているだけで，機能振舞いの仕様が文書化されていません．従来の方法でプログラム開発することが難しいです（1.2 節）．そこで，PoC 開発を行うことで，ステークホルダがレビュー可能な「要求仕様」を作成し，実現見通しを得て，その後，本格開発を実施する，という流れで作業することになります．

7.1.4　業務委託の形

　機械学習ソフトウェアは開発の流れが従来と異なることから，開発業務委託の形に影響します．

責任の分担

　一般に開発業務委託を行う時には，責任の分担を明確化する必要があります．責任分解点とか責任分界点を明らかにする，です．機械学習ソフトウェア開発の進め方を概観し，何処に責任分界点があり得るかを考えましょう．

開発の進め方　　ここでは，先に述べたように，PoC 開発を従来の要求仕様作成段階に位置づけます．提供機能と共に実現可能性を明確化し，機能要求ならびに機能外要求の合意を得ます．合意内容を出発点として本格開発を行い，その結果が，最終成果物の機械学習コンポーネントです．

　PoC 開発と本格開発は，各々の出発点で合意している前提の情報と開発の目的は違うのですが，それほど技術的な作業に変わりはありません．以下，説明のわかりやすさから，自明でない労力が必要な作業に着目し，開発ステップを 4 つの段階に分けました．なお，詳細な実務作業の説明は本書の範囲ではありません．概要を紹介します．

1. **元データ収集**：学習の対象となるデジタル・データを収集します．たとえば，発注予測 AI システムの開発を発案するのであれば売上げデータが蓄積されているとして良いでしょう．また，製造キズの外観検査であれば，製造物の画像データを取得できることが前提です．

2. **データセット整備**：訓練・学習プログラムが処理可能なデータセットを整備します．元データに欠損値がある場合には，適切な対処が必要です．データセットの統計的な特徴を調べることも重要な作業です．学習モデルの選定とも関わります．教師あり学習では正解タグを割り振る作業が必須

です．データ数が不足する場合など，さらに元データを集めることからステップ1に後戻りが必要かもしれません．

3. **訓練・学習**：訓練データセットと学習モデルを訓練・学習プログラムに入力し，訓練済み学習モデルを導出します．先行ステップに後戻りが必要かもしれません．

4. **チューニング**：期待する正解率や汎化性能を達成できない場合，最適なハイパー・パラメータを試行錯誤で決めるチューニング作業を行います．ステップ3に後戻りが必要かもしれません．

一般に，さまざまな機械学習の方法があるので，適切な学習方法や学習方式を決めることはデータ・サイエンティストの重要な作業のひとつです．本章では，話を簡単化して，深層ニューラル・ネットワーク（DNN）を利用することを暗黙に想定し，学習方法の選択といった重要な作業を省略しました．また，データ・サイエンティストはビジネス面からのコンサルティング能力が必要とされることがあります．7.2節で触れるように，コンサルティングは異なるステークホルダの役割であるとして話を進めます．別の言い方をすると，データ・サイエンティストに一般に期待される作業の一部だけを考えることになります．

なお，機械学習の文献によっては，DNNの層数，ニューロン数などを，ハイパー・パラメータと呼ぶことがあります．これらは，DNNネットワーク・モデルの形状，つまり静的な構造を決める情報です．そこで，本書では，層数やニューロン数が異なる場合，それは学習モデルの違いと考えます．

素朴な分担の例　ここで，データ・サイエンティストは，ユーザが業務委託したベンダー側のメンバーとします．機械学習はデータありきです．そもそもステップ1の元データ収集ができないと，以降の作業に進めません．このような元データそのもの，あるいは，元データを収集する仕組みは，ユーザが持つと考えます．そして，必要に応じて，ベンダーにデータを提供します．

ステップ2の中，正解タグを割り振る作業を考えましょう．何を正解タグとするかは，開発対象の機械学習ソフトウェアの機能に関わります．この情報を発注者から業務委託先へ引き渡す要求文書に整理して記述しておけば，ベンダーが実作業を行うことができます．また，ステップ2から4は，データ・サイエンティストが行う仕事とします．一連の作業が終わると，ユーザに成果物を納めることになります．

　さて，目的が PoC 開発の場合，学習モデルならびに整備したデータセットなどが，実現見通しを具体的に表現した実体です．また，作業の成果は，開発生成物の機械学習コンポーネントを実行して示すことが可能な機能振舞いと正解率などの機能外要求を整理した文書です．この文書内容をもとに，ユーザとベンダーが合意し，その後，本格開発に移行します．本格開発では，運用可能な予測・推論プログラムが成果物になり，この機械学習コンポーネントを開発するのに必要な元データ収集から開発ステップを始めることになります．

データセット整備　　これまでに見てきたように，機械学習の方法では，どのようなデータセットを準備できるかが成否の鍵なので，上記の作業中，ステップ 2 が重要です．PoC 開発と本格開発は，そもそもの目的が違いますから，ステップ 2 の作業目的が異なります．まず PoC 開発に注目し，データセットに関連した要求仕様の中で「実現見通し」とは何なのか，という問題を見ていきます．

　4.1 節に紹介した RD によるデータセットの要求仕様の例を思い出して下さい．要求仕様の観点から既存の MNIST データセットを見直して整理しました．RD の記述が表す木構造の全体は，ユーザ要求を分割し，データの特徴への細分化の関係を表します．つまり，追跡性を得ることができました．

　また，ニューラル・ネットワークの学習モデルを導入し訓練・学習を行うのは作業ステップ 3 です．その後，得られる予測・推論プログラムを用いて，どのくらいの正解率を達成できるかを実験で確認します．この一連の過程で得た知見の全体，RD による要求項目，訓練に用いた学習モデル，データセットそのもの，予測・推論の正解率，などがデータセットに関わる実現見通しであり，これらの全てが要求仕様の構成要素です．

　通常の機械学習ソフトウェア開発では，所与の元データから試行錯誤の過程を経て，RD のような記述を導くことになります．あるいは，簡明な RD を整理してから元データを収集し，その後，RD を洗練する過程を繰り返すかもしれません．また，試行結果の正解率などの数値目標を見直し，要求仕様として整理します．このような PoC 開発の成果全体が実現可能な要求仕様となって，ユーザとベンダーの合意対象になります．

　本格開発は，この合意した要求仕様から作業を開始します．ステップ 2 では，データセットの要求仕様記載の指針（RD の記述）にしたがって，本格開発向けのデータセットを拡充していきます．ステップ 1 で新たな元データを収集し，

データ量を増やしていくこと，あるいは，目的とする機能達成からみて偏りのないデータセットを得ること，などの観点を中心に工夫します．

　PoC 開発は要求仕様の整備を目的とすることから試行錯誤的にアジャイル的に進めるのですが，本格開発は PoC の成果物をもとに V 字開発に準じた系統的な開発方法にしたがうことが推奨されます[6]．そして，本格開発では，本書の中心テーマである品質保証を着実に行うことが期待されます．

本格開発の成果物検査

　従来のソフトウェア開発では，ベンダーが納品した成果物を検査します．つまり，PoC 開発は本格開発の前準備です．先の議論から，本格開発の成果物が，このような受け入れ検査の対象になるでしょう．PoC 後に作成する合意文書に納品検査の方法が書かれるべきです．受け入れ検査に用いるデータセットに言及することになる場合もあります．その検査用データセット AS を，どのように整備すれば良いのでしょう．ここでは，機械学習ソフトウェアの技術的な特徴から成果物検査が難しいことを見ていきます．

　作業フローのステップ 2 によると，データセットを作成する素養を持ち，実際に作業するのはデータ・サイエンティストです．ベンダーが整備したデータセットは，成果物である機械学習コンポーネントの訓練・学習に用いられるデータセット LS，本格開発で実施するチューニング用データセット，成果物検査に用いるデータセット AS などです．つまり，異なる目的で利用するデータセットが同じ源を持ちます．ここで，標本選択バイアスの可能性を考えないとすると，3 種類のデータセットのデータ分布に大きな違いはないでしょう．この時，成果物の機械学習コンポーネントに過適合した AS で検査しているかもしれません．これだと，訓練・学習に用いたデータセット LS で検査することと何ら変わりがないです．容易に検査に合格しますから，受け入れ検査の目的に合いません．

　一方，発注者がデータ・サイエンティストとしての技術力を持ち，自前で検査用データセット AS を整備できると仮定します．この AS に敵対データ（6.2節）や欠損データ（6.3節）を混入させると，どうなるでしょうか．敵対データは誤予測を誘発しますし，欠損データは予測の確からしさを低下させます，成果

---

[6]　産業技術総合研究所：機械学習品質マネジメントガイドライン，CPSEC-TR-2020001/AIRC-TR-2020-01，2020.

物検査が不合格に終わり未検収の状態が続きます．

　単純化したシナリオで説明しましたが，成果物検査から考えると，検査用デー
タセット AS をベンダーが準備することも，ユーザが作成することも，どちら
を選んでも不都合を生じます．本格開発を開始する合意文書には，どのような
データセットを用いて検査するかを明記することが望まれます．PoC 開発の真
の目的は，単に「お試し版」を作ってみることではなく，技術上も，ビジネス上
も妥当な合意文書を得ることかもしれません．

モデル契約

　データセット整備に着目し発注者（ユーザ）と業務委託先（ベンダー）の責
任分担を考えました．機械学習固有の難しい問題があり，技術的な議論から業
務委託契約の問題を整理することが困難です．そこで，実務での活用を目的と
して，業務契約の基本を整理したモデル契約が議論されています．ベンダー意
見が中心の契約ガイドライン[7]と，ユーザ視点にたった AI 開発契約[8]の２つの
異なる立場からのモデル契約が公開されました．以下，改正民法（2017.5.26 改
正，2020.4.1 施行）の考え方に沿って，業務委託契約に関わる論点を紹介しま
す．厳密には法律からの議論が必要な事柄で，本書の範囲を超えます．以下は素
朴な直感的な説明と理解して下さい．

システム開発の業務委託契約

　システム開発の業務委託契約は，請負と準委任
に分けられます．請負契約は，仕事の完成に対して報酬を得る契約です．ソフ
トウェア・システムだと，プログラムを構築・検査し完成させて納品することで
す．納品物に不具合があっては困りますから，瑕疵担保責任が課されます．とこ
ろが，ソフトウェアの場合，プログラムにバグがないことの保証は技術的に難し
く，原理的に困難とさえ言えます．

　このようなことから，改正民法では，請負契約の瑕疵担保責任を，契約不適合
責任で置き換えました．つまり，契約内容を満たしているかが問題になりますか
ら，当事者間の合意内容を契約として残すことが大切です．また，ユーザによる
要求が過大で技術的に達成できないなどの理由からプロジェクトが頓挫する場
合，仕事が完成しません．この時，ユーザがうける便益に応じた報酬の請求権が

---

7)　経済産業省: AI・データの利用に関する契約ガイドライン, 2019.

8)　西本強：ユーザを成功に導く AI 開発契約, 商事法務 2020.

ベンダーに与えられることになりました．

　準委任契約の基本的な考え方は事務処理の実施です．提供した労働時間や工数をもとに報酬を支払う契約です．ベンダーは善管注意義務が課され，報告義務を負います．知識や技能を提供する契約ですから，システム開発の流れではシステム化の方針や計画策定段階で行うコンサルティング業務が良い例になります．プロジェクトの開始時に，これらのアセスメントを行うことは，そもそも発注者であるユーザの責任範囲です．ベンダーが自身の専門知識を活用した「事務処理」を行って，ユーザを支援します．このような役務提供の準委任契約は履行割合型に分類されます．

　準委任契約のもうひとつの類型に成果完成型があります．善管注意義務および報告義務があることは履行割合型と同じですが，報酬が成果物に対して支払われる点が異なります．また，契約不適合責任が課されないということが請負契約と違います．請負契約か成果完成型の準委任契約かは，契約内容の具体的な詳細によって判断されるようです．なお，アジャイル・ソフトウェア開発の場合，成果物を伴いますが，第1の目的は要求を明確化することですから，請負ではなく，成果完成型にすることがあります．

　システム開発のライフサイクル全般を受託する時，要件定義から基本設計までは準委任契約，詳細設計からリリースまでは請負契約，というように成果物の取り扱いに応じて契約形態を使い分けることが多いです．

　以上の区分けは，任意規定ですので，契約時の特約によって変更することができます．実務上，多くの類型が考えられますが，ここで述べた契約形態の違いが拠り所になります．

機械学習ソフトウェアの業務委託契約　　機械学習ソフトウェアの場合，従来のシステム開発に比べて，最上流工程で行う要件定義が難しいです．そこで，PoC開発を実施して要求仕様を整理し，ユーザとベンダー双方の合意文書としたのでした．上に説明した契約に関連する概念を前提に，先に述べた2つのモデル契約の概要を紹介します．

　契約ガイドライン[7]は，探索的段階的開発（アジャイル的な開発）を想定しています．また，PoC開発ならびに本格開発共に，完成責任のない準委任契約を推奨し，補足的に，請負契約を採用する可能性を残しています．機械学習ソフトウェアの本質が試行錯誤にあり，開発の事後になって，はじめて開発対象の形が

見えて来るという考え方を前提とするからです．ベンダーは善管注意義務を果たせば良いことになりますので，成果物に関わる取り決めの多くは，個別の契約内容に委ねられます．

　AI開発契約[8]は，契約ガイドラインがベンダー寄りになっているという認識から，公正で公平な契約関係の構築を目指して，ユーザ目線のモデル契約を示しました．PoC段階で性能などに関する知見を得て，それをもとに本格開発を実施するという流れです．つまり，本格開発対象の形は，試行錯誤的に実施したPoCによって事前にわかるとします．

　そこで，探索的に行うPoC段階の重要性を強く認識し，また，本格開発ではPoC成果物での合意にしたがった系統的な開発を想定しています．つまり，PoC開発は準委任契約ですが，本格開発は請負契約か，これに近い成果完成型の準委任契約を推奨しています．

　機械学習ソフトウェア開発の技術的な特徴を考慮すると，このAI開発契約の視点から一歩踏み込んで，成果物をより重要視し，PoC開発であっても，成果完成型の準委任契約が好ましいかもしれません．その理由は，PoC開発は，履行割合型が相応しいコンサルティングに比べて，複雑な技術的な作業を行い，本格開発に向けた要求仕様を成果物として得ることだからです．この成果物は，PoC開発ベンダー以外に具体的な技術内容が正確に伝わることが期待されます．たとえば，PoCの成果物を出発点として，ユーザ側のデータ・サイエンティストが本格開発に関われるような具体性と詳細さを持つことが望まれます．また，本格開発では安定稼働を保証する作業が大きな比重を占めることから，系統的な開発方法が本質的に重要です[6]．本格開発の業務委託契約では，従来のシステム開発と同様に請負契約が馴染むようです．

7.2　機械学習ビジネス・プラットフォーム

　機械学習技術の研究・開発と業務委託契約の方法の整備に加えて，AIビジネスの円滑な広がりを支えるプラットフォーム構築が進められています．価値共創を目的とするエコシステムという視点から機械学習ソフトウェアの特徴に合ったビジネスの取り決めを論じます．

7.2.1 価値共創プラットフォーム

　機械学習ソフトウェアには多様なステークホルダが関わります．全体を見通してバランスよく調整する作編曲家（Orchestrators）や振り付け師（Choreographers）の役割，つまりプラットフォームが必要です．

欧米の状況

　欧米の状況を簡単に紹介します．最新情報は Web から入手できますので基本的な事柄にとどめます．

ベンダー主導　　北米の特徴は，AI ベンダーと大学等の機関が密接に研究活動を進めていることです．深層ニューラル・ネットワーク技術に大きく貢献した3 名の研究者がアメリカの計算機学会（Association for Computing Machinery, ACM）から，2018 年度のチューリング賞[9]を授与されました．本書執筆時点ですが，Y. Bengio はカナダのモントリオール大学教授，G. Hinton はトロント大学名誉教授で Google フェロー，Y. LeCun はニューヨーク大学教授で Facebook 兼務です．彼らの教え子が GAFA をはじめ多くの企業や大学で研究を行っていることからも，研究コミュニティの広がり方がわかります．ここでは，その代表例として，Google を簡単に見ていきましょう．なお，Google は，2014年以降，ACM チューリング賞のスポンサーです．

　Google は TensorFlow[10]という機械学習ライブラリをオープン・ソース・ソフトウェア（Open Source Software, OSS）として公開しました．また，基礎研究から応用開発ならびに教育プログラム提供まで，AI 技術を広める多面的な活動[11]を積極的に進めています．基本的には，TensorFlow を中心としたデ・ファクト標準のツールを Google Cloud Platform（GCP）上で提供し，テクノロジー・プラットフォームを展開する戦略といえます．

欧州 AI エコシステム　　欧州連合（European Union, EU）では，EU 全体の研究開発支援施策 H2020 の枠組みの中で，AI エコシステム整備を目的とする

---

9)　https://awards.acm.org/about/2018-turing

10)　https://www.tensorflow.org/

11)　https://ai.google/

AI4EU[12)]を実施しています．

　2019 年から 3 年間のプロジェクト（総額約 20 M ユーロ，約 25 億円）で，欧州 21 ヶ国 80 の研究機関およびベンチャ企業が参加するコンソーシアム方式です．AI 関連のコア領域 5 つでの研究開発を進めると共に，SME やスタートアップ企業支援の仕組み・資金を持つことが，今までの研究支援施策と比べて新しい点です．数ヶ月程度の期間でのプロトタイプ開発を公募し，採択課題の開発費用を負担します．これによって，中小規模の企業が AI 技術力を獲得する支援を行うものです．

　AI4EU プロジェクト終了後，欧州の研究イノベーション戦略（Strategic Research Innovation Agenda for Europe）を支える組織体制の確立を視野に入れています．つまり，多彩な科学分野でのデータ利活用，AI 活用，を支えることです．

台湾の AIGO

　台湾では，情報工業促進会（Institute for Information Industry, III）という NGO が中心になり，AI 技術を産業界に広めることを目的として，国家プロジェクト AIGO[13)]を開始しました．なお，OECD でも同じ AIGO という略称を使っています．混同しないようにして下さい．

PBL プラットフォーム　　AIGO の狙いは，企業から提供された実問題を解決する PoC 成果のコンテストを行い，優秀な人材を発掘するものです[14)]．一見すると，プロジェクトベース学習（Project-based Learning, PBL）による教育方法です．中心となる PBL 基盤ソフトウェアとして，さまざまな情報を管理するテクノロジー・プラットフォーム[15)]を開発しました．

　ところで，AIGO プログラムが興味深いのは，この PBL 向け基盤ソフトウェアではありません．企業の素朴な発案を PoC 開発が開始できるように整理・拡

12)　https://www.ai4eu.eu/
13)　https://aigo.org.tw/zh-tw/
14)　H.-C. Tseng, T.-H. Chiang, H.-J. Chung, C.-H. Yeh, and I.-C. Tsai: A Case Study of Taiwan - AI Talent Cultivation Strategies, In *Proc. ICITL 2019*, pp.392–397, 2019.
15)　C.-W. Kuo, H.-L. Yang, H.-C. Liao, S.-H. Hu, H.-C. Tseng, C.-H. Yeh, and I.-C. Tsai: AIGO: A Comprehensive Platform for Cultivating AI Talent using Real-world Industrial Problems, In *Proc. IEEE TALE 2019*, pp.394–398, 2019.

充し，PoC 開発を円滑に進める過程の支援にあります．初期アセスメントならびに PoC 開発の作業を支援するプラットフォームのひな形といえます．

台湾の AI 事情　2018 年に台湾 AI 学校（Taiwan AI Academy）[16]が産業界にアンケートをとり，AI 活用が進まない原因をまとめました．多い方から，(1) データの準備ができていないこと（59.1%），(2) AI 人材が不足していること（39.4%），(3) AI 基盤が整備できていないこと（35%），(4) AI の適切な応用がわからないこと（33.6%），(5) マネジメントの支援・理解がないこと（32.1%）でした．

　この (4) は大変素直な答えで，思わず微笑んでしまいます．AI を何に使えば効果的かを知ることが難しいのが現実です．AIGO は，マネジメント層が自身のビジネスに AI を生かす場を見つけるようになることが重要である，という方向に注目しました．

支援フロー　AIGO のコンテストの流れを見ていきます．大まかに 6 つのステップに分けるとわかりやすいようです．この一連の過程で，AIGO オフィスが重要な役割を演じていることがわかります．

1. **企業からの応募**：挑戦課題を AIGO プラットフォームに登録します．AIGO オフィスは，応募企業にコンサルティングを行い，提案挑戦課題の目的を明確化し準備の状況などを評価します．コンサルティング結果を参考に，応募企業は課題の内容を改訂し公開します．

2. **応募課題の資格審査**：AIGO オフィスは，AI 専門家ならびに応募企業との共同作業を通して，課題の内容，実施可能性，企業側の協力体制の妥当性，などを審査します．そして，課題の産業界での共通性，社会貢献の可能性，新規性，開発可能性，といった 4 つの観点から評価し，コンテスト課題として選定・公開します．

3. **マッチング**：AIGO オフィスは，AI チームと応募企業とのマッチングを行います．

4. **AI チームからの提案**：2 ヶ月後に，AI チームは選択した挑戦課題の解決アプローチを提案します．AIGO オフィスは，提案書とプレゼンテーションによって評価し，採択 AI チームを決定します．

---

[16] https://en.aiacademy.tw/

5. **PoC 開発**：選ばれた AI チームは，応募企業と知的所有権の帰属や必要となる追加資源などを折衝し，合意した後 PoC 開発に移ります．AIGO オフィスは，PoC 開発の過程で AI チームを訪問し，開発の進捗状況や応募企業との協力の実体をチェックします．

6. **最終コンテスト**：AI チームは，期限内に PoC 開発を終えて，その結果を報告します．AI の専門家と産業界の専門家が中心になり，応募企業の意見を交えて，最終評価を行います．

2018 年にステップ1と2の事前準備を行って挑戦課題リストを公開し，その後，ステップ3から5までを半年で実施するサイクルを3回繰り返しました．

デジタル・プラットフォーム　　AIGO が対象とするのは PoC 開発までですから準委任契約の対象となる作業です．しかし，この AIGO プラットフォームは，企業（ユーザ）と AI チーム（ベンダー）を分離する業務委託契約の考え方とは異なる方法を採用しているといえます．具体的には，初期段階で応募企業へのコンサルティングを行うこと，応募課題を技術面，開発体制面などから評価すること，PoC 開発の開始後に AI チームの進捗状況をモニターすること，などです．つまり，AIGO オフィスが，企業と AI チームを仲介する振り付け師となり，企業が持つ実問題への技術解決を創出する過程を支援します．

　このような仲介役は，インターネット・ビジネスで重要なプラットフォーマーに見ることができます．抽象化，一般化すると，AIGO はビジネス・プラットフォームの機能を果たしているといえます．PBL を支えるテクノロジー・プラットフォームと合わさって，AIGO は PoC 開発のデジタル・プラットフォーム[17]といえるのではないでしょうか．従来のソフトウェア開発業務委託はユーザとベンダー間の2者契約が基本でしたが，AI ソフトウェア開発ではプラットフォームという視点が本質的に重要と思われます．

　AIGO は企業と AI チームをつなげるデジタル・プラットフォームで，台湾産業界に AI エコシステムを導入することを目的とします．先に紹介した欧州の AI4EU も似たゴールを目指しています．台湾 AIGO は AI4EU に対する具体的な先行事例ですから，その活動は広く参考になると考えられます．

---

17) 高梨千賀子，福本勲，中島震（編著）：第3章，Ibid., 2019

サービス・ドミナント・ロジック

　AIGO の基本は PoC コンテストを通した AI 人材発掘の中で遭遇した実務的な課題を解決する具体的な活動です．このような仲介者，プラットフォーマーの本質を整理し，体系的に理解する拠り所は何かあるでしょうか．本書では，ビジネスのサービタイゼーション（Servitization）研究[17]で参照されるサービス・ドミナント・ロジック（Service-Dominant Logic, S-D ロジック）[18][19]を説明の枠組みに採用します．S-D ロジックの基本的な概念をみていきましょう．

交換価値　　最初に，S-D ロジックが発案されるより前の時代に戻り，製品の購入を考えます．私たちがコンピュータやタブレット PC を買う時，モノ（Goods）としてのコンピュータだけに製品の価値を見出すわけではありません．役立つプログラムが作動するか，ブラウザを通してインターネットの世界から欲しい情報を気軽に入手できるか，といった，機能あるいはサービス群（Services）を享受したいです．そして，購入する際には決められている価格にしたがい，モノやサービスとの交換として対価を払います．有形財のモノであっても，モノに付随する無形財のサービスであっても，売り手が決めた価値への交換として対価を払います．これを交換価値といいます．この時の主役はモノ（Goods）であり，モノ中心の方法（Goods-Dominant Logic, G-D ロジック）といえます．

　この G-D ロジックは，購入したモノ自身に客観的な価値がある場合は自然な考え方です．宝石などをイメージすれば，持っているだけで，その価値を楽しむことができることがわかります．ところが，「宝の持ち腐れ」という言葉があるように，購入した後，一度も使わないモノに対して，購入者あるいは顧客は価値を見出せるでしょうか．一昔前のコンピュータは設置から稼働開始までの調整作業が大変でしたし，使いにくさのあまり，オフィスの片隅に放っておかれたこともありました．使わないモノ，使えないモノに価値はあるでしょうか．交換価値の考え方では，顧客は自身が感じる価値を捉えきれません．

価値共創　　そこで提案されたのが，S-D ロジックです．上に述べたモノに付

---

[18]　R.F. Lusch and S.L. Vargo: *Service-Dominant Logic: Premises, Perspectives, Possibilities*, Cambridge University Press, 2014.

[19]　S.L. Vargo and R.F. Lusch: Service-dominant logic 2025, *International Journal of Research in Marketing*, no.34, pp.46-67, 2017.

随する無形財のサービスと同じ言葉にみえるので注意して下さい．英語だと区別がつきます．つまり，先の無形財のほうは，さまざまなサービスからなるサービス群（Services）です．S-Dロジックでは，単数形のサービス（Service）であって，概念を表す抽象名詞です．「ステークホルダの便益（Benefit）実現を目的として資源を適用すること」がサービスです．素朴には，S-Dロジックのサービスが有形のモノや無形のサービス群を産み出すとして良いでしょう．

　S-Dロジックでは，ステークホルダをアクター（Actors）と呼び，重要なアクターである顧客の生涯価値向上を目指します．ここで，生涯価値という言葉には，顧客が使い続けることに価値がある，というニュアンスが込められています．使うことで価値が生まれるとする使用価値，使う環境によって価値が変わるとする文脈価値という見方が導入されました．使用価値も文脈価値も判断するのは顧客で，顧客が，その価値に対価を払うという考え方です．

　顧客あるいはユーザが価値を決めるS-Dロジックでは，どのようにユーザが使用するか，どのような環境・文脈で使用するか，といった情報が，モノなどの提供者あるいはベンダーにとって不可欠です．そこで，ユーザとベンダーは価値を共創するパートナーと位置づけられます．つまり，アクターによる価値共創（Value Co-creation）という見方が中心にあります．

オペラント資源　　アクターは，便益を実現する時，さまざまな資源（Resources）に依存します．資源は，オペランド資源（Operand Resources）とオペラント資源（Operant Resources）の2つに分けられます．直感的には，前者は材料や部品であり，後者は利用する技術やノウハウなど能力のことです．

　S-Dロジックによると，いろいろな能力を持つアクターが直接あるいは間接的にサービス交換あるいは資源統合を通して価値共創する，といえます．つまり，顧客というアクターの価値を高めることを共通目標として協力する，ということでしょう．アクターが持つ能力を組み合わせることが便益を実現する鍵であることから，S-Dロジックはオペラント資源を重視します．

サービスとしての開発・運用　　本書では，機械学習ソフトウェア開発・運用の全体がS-Dロジックのサービスであると考えます．開発と運用に関わるアクターが自身のオペラント資源（ノウハウや技術）を適用することで便益を実現する，とします．先に整理した簡易版の4つのステップからなる開発の進め方やAIGOの事例を参照すると，アクターやオペラント資源がみえてきます．こ

こでアクターは概念的な作業者であって，実際は複数のアクターの役割を 1 人あるいは 1 つの組織が果たすことがあります．

　AIGO の事例に登場する挑戦課題を発案する応募企業を顧客としましょう．最初に AIGO オフィスが素朴なコンサルティングや審査によって応募課題を PoC 開発が可能な形に洗練します．適用対象や目的を明確化することであり，機械学習ソフトウェア開発の最も重要なアセスメントの作業です．また，ここでは元データやデータセットの整備状況をデータ準備状況（Data Readiness）から議論することが多いです．ところが，元データ整備とデータセット整備は異なるオペラント資源を要します．前者の元データ収集はユーザの関わりが必須です．一方，後者は学習モデルの検討と強く絡み，アクターはデータ・サイエンティストです．次に，AIGO の PoC 開発では AI チームと企業（顧客）が適切な協調関係にあることを重要視し，開発過程で積極的に関わります．価値共創に向けた活動が適切に進んでいるかをモニターしているといえます．

　本格開発は，AIGO の対象ではありません．しかし，PoC 開発の成果物は本格開発の要求仕様になるので，AIGO の役割と関わります．PoC 開発を通して，開発目標や開発内容を共有することが，顧客の使用価値を保証します．今，簡単化して，ベンダー中心に作業が進むとしましょう．この時，データ準備状況を良くするには，企業・顧客との共同作業が必須です．実際，本格開発が終了し，サービスイン後，運用時のデータシフト監視や再学習の判断などが必要になります．これは，顧客の文脈価値を高めることで，長く使い続けるシステムとなり，顧客の生涯価値に寄与する作業です．

価値共創と業務委託　　先に見たように，これまでに議論されてきた業務委託契約は，ユーザとベンダーという 2 者の関係を基本としていました．機械学習ソフトウェアの技術的な特徴に関わる PoC 開発と本格開発の違いを考慮するものの，ユーザとベンダーの間に責任分界点があるとします．この時，成果物検査が可能かという技術的な問題を避けて通れません．次に，機械学習ソフトウェア開発・運用では，S-D ロジックの意味でのサービスに関わるアクター群が価値共創のエコシステムを形成するという見方を紹介しました．ユーザあるいは顧客はもちろんのこと，ベンダーを含むすべてのアクターが自身の便益を実現します．価値共創のパートナーと見做すことで，技術的な難しさを軽減できると期待できます．以上から，機械学習ソフトウェア開発・運用では，サービスを基礎とする

価値共創を中心に考えた業務分担の取り決めが望まれる，といえます．

7.2.2　品質基準

　PoC 開発は実現可能な要求仕様を得ることが目的で，一方，本格開発では，通常のソフトウェア・システムと同様に品質基準を満たす必要があります．品質保証に関わる技術・作業は，機械学習ソフトウェア開発・運用を支えるプラットフォームの重要な要素です．そこで，品質保証に関わるオペラント資源を整理し，品質評価を担うアクターの姿を見ていきましょう．

品質保証の難しさ　　これまでに本書で見てきたように，機械学習ソフトウェアの検査は技術的に難しい問題が多数あります．従来のソフトウェアで成功した方法を用いて品質を保証することが困難です．より強い表現になりますが，機械学習ソフトウェアの品質保証は技術的に不可能である，といえるかもしれません．なぜならば，品質を保証することは，ソフトウェア・システム構築に先立って予測性を高めること（Known Known）ですが，機械学習ソフトウェアに対する素朴な期待の中に，これと相反する性質，オープン性（Known Unknown）が含まれるからです．

　データ利活用のソフトウェアは，実世界の現れとしてのデータを取り扱います（1.1 節）．オープン性は実行時に入力されるデータを予め規定しておくことが難しいことです．一方で，オープン性は機械学習ソフトウェアだけが持つ特徴ではありません．外部入力データを処理するという点は，従来の組込みシステムおよび制御システム，ならびに，制御システムを抽象化・一般化した CPS と同様です．また，セキュリティ関連ソフトウェアは，製品リリース後にも，新たな脆弱性や攻撃手法の発見などがあり，完璧なセキュリティを保証する枠組みが実務上，不可能です．

　そこで，開発者および提供者ならびに利用者が安心を得られるように，システム開発の過程で品質を向上する方法を適切に用いたことを保証する枠組みが提案されました．組込み制御システムの機能安全やセキュア製品を対象とするコモン・クライテリア（Common Criteria, CC）です．機能安全はハードウェア製品が主な対象ですが，規格 61508-3 のソフトウェア技術に限定すると，CC と同様に，開発過程で採用した技法によって期待される品質達成が可能と考える点が

共通しています．これらの規格が採用した考え方の枠組みを，機械学習ソフトウェアの品質評価保証に応用すれば良いのではないでしょうか．以下，評価法の基本的な考え方を紹介します．

機能安全規格　機能安全の規格 ISO/IEC 61508（JIS C 0508）[20]は，電気的/電子的/プログラマブル電子に基づくシステム（E/E/PE システムと略記）の安全関連制御システムを対象とします．偶発的な故障に起因する不具合が生じても，リスクを期待する安全レベルに抑えられることを開発者が自己評価する枠組みです．リスクを危険側失敗に至る頻度として定量的に表し，4段階の Safety Integrity Levels (SILs) に分類します．

　ハードウェア技術を用いた安全制御系では，偶発的な故障による不具合を故障率などから定量的に示すことができ，SIL の数値基準との相性が良いです．一方，安全制御系にソフトウェア技術を用いる場合，定量的な SIL 定義が難しくなります．そこで，規格 61508-3 は，「ソフトウェア開発の各工程で適切な技法あるいは手順を採用することで SIL の数値目標と同等の水準が達成できる」という仮定をおきます．ソフトウェア開発過程の典型例として V 字開発モデルを用いて，開発の各フェーズで用いるべき適切な設計及び開発の技法や方策を整理しました．つまり，ソフトウェア開発に関わる適切な技術を用いることで期待の SIL を達成できると仮定するわけです．

コンピュータ・セキュリティ　コモン・クライテリアは，コンピュータ・セキュリティ[21]を対象とする標準規格 ISO/IEC 15408（JIS X 5070）です．セキュリティ製品の側面を6つの保証クラス（開発，ガイダンス文書，ライフサイクル・サポート，セキュリティ・ターゲット評価，テスト，脆弱性評定）に分け，保証クラスを細分化した保証ファミリに対する技術的な方策を整理して評価保証レベル（Evaluation Assurance Level, EAL）を付与します．

　EAL は7段階に分けられており，対象セキュリティ関連機能のソフトウェア開発に用いる技法や方策で特徴つけます．たとえば，最もレベルの低い EAL1 では利用時の品質からみた機能検査（Functionally Tested）を実施すれば良いのですが，最高レベルの EAL7 では形式検証された設計物と検査（Formally

---

20)　向殿政男（監修），井上洋一，川地襄，平尾祐二，蓬原弘一：制御システムの安全，日本規格協会 2007.

21)　M. Bishop:*Computer Security: Art and Science*, Addison-Wesley 2003.

Verified Design and Tested）を必要としています．対象製品が実際にセキュア
であるか否かを評価するものではないことに注意して下さい．セキュリティ製品
の開発に際して，その時点で知られている最良の方法を用いたことを示します．
信頼できる手法を活用することで，セキュアであることへの信用が高まるという
わけです．

　CCは第3者評価と認定の仕組みを社会的な枠組み，一種のエコシステムとし
て整備しています．セキュリティ製品ベンダーは，自社製品の脆弱性検査などの
EAL評価を第3者評価機関に依頼します．ユーザは，付された評価結果を参照
することで製品が適切な方法で開発されたことを知ることが可能です．公的に認
定された評価機関の結果をソフトウェア製品の保証書（Certificate）にするとい
う考え方[22]の一例です．

　なお，第3者評価の基本は評価機関の技術力です．実際，技術力の低い機関
は書類審査程度に終わり，真の脆弱性評価にならないことが指摘されています．

品質評価のアクター　　機械学習ソフトウェアの品質保証は技術的に困難です．
そこで，機能安全およびCCと同様に，開発過程で品質に関わる評価作業が適
切に実施されたことを保証する品質マネジメントが有用です．

　一般に，ソフトウェア・システムの品質保証は膨大な作業を要します．自動運
転のように極めて高度な信頼性（Extreme Reliability）が期待される応用があ
る一方で，信頼性に対する要求レベルの高くないシステムもあります．そこで，
レベル分けを行います．機能安全の場合は組込み制御システムの特徴を考慮し
た手法，CCの場合はセキュリティの特徴を考慮した手法を基本として，各々，
SILあるいはEALのレベル分けをしました．そして，期待レベルに応じて品質
保証に関わる具体的な技術を示しています．

　機械学習ソフトウェアについて，特に深層ニューラル・ネットワーク（DNN）
を対象とする場合，DNNソフトウェアの品質向上に関わる技術の現状を，本書
の第4章，第5章，第6章で紹介しました．今後も，着実に新しい技術の研究
開発が進むと期待できます．これらの基本的な技術を基に，機械学習ソフトウェ
ア向けの品質評価保証レベルを整理していけば良いでしょう．このような検討

---

[22] National Academy of Sciences (ed.), *Software for Dependable Systems - Sufficient Evidence?*, National Academics Press, 2007.

は，本書執筆時点で始まったばかりの新しい試み[6][23]です．今後，公的な標準規格になっていくと期待されています．

　機械学習ソフトウェアの品質向上に関わる技術ならびに品質評価保証レベルの体系は，このような価値共創プラットフォームで提供すべきオペラント資源です．また，開発・運用の立場から品質保証に従事する技術者ならびに CC のような第 3 者評価機関は，共に，品質保証を担うアクターとして，機械学習ソフトウェア・エコシステムの中核をなすと期待されています．

23) S. Nakajima: Quality Evaluation Assurance Levels for Deep Neural Networks Software, *Proc. TAAI 2019*, pp.1-6, 2019.

あとがき

　機械学習を含む人工知能は，技術的な話題と共に，ビジネスや政策の面から大きな期待を集めています．有用性や必要性といった光の側面がある一方，AI脅威論など陰の側面・負の側面もあります．本書は，ソフトウェア工学の立場から，機械学習ソフトウェアの特徴を技術的に整理しました．「未知の入力データに対しても気が利いた結果を返す」という機械学習への期待は「プログラムの振舞いが予測可能」なことを前提とする品質保証の基本と相容れません．検査の困難さは機械学習の本質と関わります．

　機械学習に関連したAI脅威論の重要な話題に，トラスト（Trust），フェアネス（Fairness），アカウンタビリティ（Acountability）といったAI倫理のテーマがあります．また，AIの動作の情報を提示可能にする透明性，予測・推論過程を理解可能な形で示す説明可能性などが，学術研究として進められています．多岐にわたる問題を含むことから「技術的な枠組みだけでは対処することが難しく，社会制度，法律などを総動員して対処し続ける」こと[1]とされます．

　一般に「適切な規制をもってしても破壊的な事故を避けられないシステムは作ってはいけない」[2]と言われます．機械学習は未知の技術を含むからこそ，技術と制度の協調を必要とします．このような協調は簡単なことではありません．「科学者が間違った勧告を与えることもありうるし，政策決定者たちがその当否を知りえないこともありうる」[3]のです．「意思疎通ができないような，また意思疎通をしようとしないような二つの文化の存在は危険」なことは，機械学習にも当てはまります．本書が，風通しを良くする一助になることを願っております．

---

[1]　中川裕志：裏側から視るAI，近代科学社 2019.

[2]　C. Perrow: *Fukushima and the inevitability of accidents*, Bulletin of the Atomic Scientists, 2011.

[3]　C.P. Snow: *The Two Cultures*, Cambridge University Press 1959, ［邦訳］松井巻之助，増田珠子 訳：二つの文化と科学革命，みすず書房 2011.

参考文献

ソフトウェアと現代社会

1. 中島震, みわよしこ,「ソフト・エッジ」, 丸善ライブラリー 2013.
2. National Academy of Sciences (ed.), *Software for Dependable Systems - Sufficient Evidence?*, National Academics Press, 2007.
3. P.G. Neumann, *Computer Related Risks*, Addison-Wesley 1994. [邦訳] 滝沢徹, 牧野祐子 訳,「あぶないコンピュータ」, ピアソン・エデュケーション 1999.
4. 小川紘一,「オープン&クローズ戦略 増補改訂版」, 翔泳社 2015.
5. C. Perrow, *Normal Accidents: Living with High-Risk Technologies*, Princeton University Press 1999.
6. C.P. Snow, *The Two Cultures*, Cambridge University Press 1959, [邦訳] 松井巻之助, 増田珠子 訳,「二つの文化と科学革命」, みすず書房 2011.
7. 高梨千賀子, 福本勲, 中島震（編著）,「デジタル・プラットフォーム解体新書」, 近代科学社 2019.
8. 玉井哲雄,「ソフトウェア社会のゆくえ」, 岩波書店 2012.

AI 一般

9. 合原一幸（編著）,「人工知能はこうして創られる」, ウエッジ 2017.
10. 甘利俊一,「脳・心・人工知能」, 講談社ブルーバックス 2016.
11. 中川裕志,「裏側から視る AI」, 近代科学社 2019.
12. A. Ng and K. Soo: *Numsense! Data Science for the Layman: No Math Added*, Brite Koncept Ltd. 2017. [邦訳] 上藤一郎 訳,「数式なしでわかるデータサイエンス」, オーム社 2019.

ソフトウェア工学

13. J.-R. Abrial, *Modeling in Event-B*, Cambridge University Press 2010.
14. P. Ammann and J. Offutt, *Introduction to Software Testing*, Cambridge University Press 2008.
15. 中谷多哉子, 中島震,「ソフトウェア工学」, 放送大学教育振興会 2019.

AI の技術

16. C.C. Aggarwal, *Outlier Analysis (2ed.)*, Springer 2017.
17. 馬場口登, 山田誠二,「人工知能の基礎（第 2 版）」, オーム社 2015.
18. C.M. Bishop, *Pattern Recognition and Machine Learning*, Springer-Verlag 2006. [邦訳] 元田浩, 栗田多喜夫, 樋口知之, 松本裕治, 村田昇 監訳,「パターン認識と機械学習（上/下）」, 丸善出版 2012.

19. I. Goodfellow, Y. Bengio, and A. Courville, *Deep Learning*, The MIT Press 2016. オンライン版: https://www.deeplearningbook.org/. [邦訳] 岩澤有祐, 鈴木雅大, 中山浩太郎, 松尾豊 監修, 味曽野雅史, 黒滝紘生, 保住純, 野中尚輝, 河野慎, 冨山翔司, 角田貴大 共訳, 「深層学習」, KADOKAWA 2018.

20. S. Haykin, *Neural Networks and Learning Machines (3ed.)*, Pearson India 2016.

21. G. Montavon, G.B. Orr, and K.-R Mukker (eds), *Neural Networks: Tricks of the Trade (2ed.)*, Springer 2012.

22. 中川裕志, 「機械学習」, 丸善出版 2015.

23. 瀧雅人, 「これならわかる深層学習入門」, 講談社 2017.

24. 田中章詞, 富谷昭夫, 橋本幸士, 「ディープラーニングと物理学」, 講談社 2019.

統計学・アルゴリズム

25. 金谷健一, 「これなら分かる最適化数学」, 共立出版 2005.

26. 岡田章, 「ゲーム理論（新版）」, 有斐閣 2011.

27. 関口良行, 「はじめての最適化」, 近代科学社 2014.

28. 竹内啓, 「数理統計学の考え方」, 岩波書店 2016.

29. 玉木久夫, 「乱択アルゴリズム」, 共立出版 2008.

30. 東京大学教養学部統計学教室（編）, 「統計学入門」, 東京大学出版 1991.

開発業務・プラットフォーム

31. R.F. Lusch and S.L. Vargo, *Service-Dominant Logic: Premises, Perspectives, Possibilities*, Cambridge University Press 2014. [邦訳] 井上崇通 監訳, 庄司真人, 田口尚史 共訳, 「サービス・ドミナント・ロジックの発想と応用」, 同文舘出版 2016.

32. 西本強, 「ユーザを成功に導く AI 開発契約」, 商事法務 2020.

33. 田口尚史, 「サービス・ドミナント・ロジックの進展」, 同文舘出版 2017.

索 引

あ

アクター, 166
アジャイル宣言, 151
アジャイル・ソフトウェア開発, 151
アルゴリズミック・モデリング, 24
アルゴリズム, 33
安全レベル, 169
暗黙のオラクル, 59
インターネット・ビッグデータ, 3
インダストリアル・ビッグデータ, 4
ウォーターフォール型プロセス, 149
請負, 158
Udacity チャレンジ, 104
AI4EU, 161
AIGO, 162
SMO 法, 95
S-D ロジック, 165
SVM, 92
SUT, 52
N バージョン・プログラミング, 64
オペラント資源, 166
オペランド資源, 166

か

回帰問題, 10
概念実証, 150
開発業務委託, 154
カオス・エンジニアリング, 74
過学習, 27
学習モデル, 22
確認用データセット, 27
確率過程, 72
確率的な振舞い, 71
重ね合わせの原理, 23
瑕疵担保責任, 158
仮説検定, 75
価値共創, 166
活性ニューロン, 114

過適合, 16
GAN, 108
関数族, 21
偽陰性, 142
機械学習コンポーネント, 147
機械学習フレームワーク, 33
機械学習要求, 148
疑似オラクル, 64
機能安全, 169
帰無仮説, 76
境界値分析法, 59
偽陽性, 142
クリーン・データ, 138
訓練済み学習モデル, 22
経験分布, 37
計算モデル, 20
契約不適合責任, 158
経路網羅基準, 54
欠損データ, 145
欠損ロバスト性, 145
検査時補完, 107
検知器訓練, 138
交換価値, 165
勾配降下法, 15
勾配マスキング, 139
ゴースト成分, 143
コーナーケース・テスティング, 98
ゴールデン出力, 63
誤検出, 142
誤差関数, 12, 25
コモン・クライテリア, 169
コンピューティング, 19
根本原因, 117

さ

サービス, 166
サービス群, 165
サービス・ドミナント・ロジック, 165
再帰型ニューラル・ネットワーク, 23
最小二乗法, 12

サイバー・フィジカル・システム, 4
サポート・ベクトル, 92
サポート・ベクトル・マシン, 91
G-D ロジック, 165
CPS, 5
次元削減, 140
事後検査, 79, 111
事後条件, 56
自己符号器, 140
システム・エンジニアリング, 149
事前条件, 55
実現見通し, 153
実行時監視, 143
準委任, 158
生涯価値, 166
使用価値, 166
人工神経網, 20
SQuaRE, 29
ステークホルダ, 150
スマート・プロダクト, 4
正解率, 26
成果完成型, 159
正確性, 30
成果物検査, 157
正常系テスティング, 56
正則化, 28
セマンティック・ノイズ, 100
善管注意義務, 159
線型モデル, 11
ソフトウェア要求仕様, 149
損失関数, 25

た

第 3 者評価, 170
対立仮説, 76
単体テスティング, 56
チューリング賞, 161
直接原因, 117
データ・クリーニング, 89
データ・クレンジング, 89
データ・サイエンティスト, 150
データ・シフト, 39
データ準備状況, 167
データセット多様性, 98
データ多様性, 69
データ品質モデル, 88
データ補完, 106
データ利用時品質モデル, 90

敵対性学習, 139
敵対生成ネットワーク, 107
敵対リスク, 139
敵対ロバスト性, 132
敵対ロバスト半径, 132
テクノロジー・プラットフォーム, 161
デザイン多様性, 64
デジタライゼーション, 3
デジタル・エコノミー, 3
テスト・オラクル, 53
テスト・ケース, 53
テスト入力, 52
テスト網羅基準, 53
転用性, 137
統計的なオラクル, 75
統計的なテスティング, 75
動的検査, 51
毒入れ攻撃, 38

な

ナッシュ均衡解, 109
入力データ変換, 140
入力フィルター, 139
ニューロン・カバレッジ, 114
ノイズ除去, 140
ノーフリーランチ定理, 28
ノルム, 132

は

背理法, 76
外れ値, 16
パセプトロン, 20
パターン認識, 6
汎化ギャップ, 27
半減期, 10
評価保証レベル, 169
標本, 75
標本選択バイアス, 36
品質評価保証レベル, 170
品質マネジメント, 170
ファズ, 59
ファズ・テスティング, 59
V 字開発モデル, 53
フェイク・ビデオ, 129
フォローアップ・テスト入力, 66
不活性ニューロン指標, 119
負荷テスティング, 59

不確かさ, 72
部分オラクル, 64
普遍近似定理, 22
ブラックボックス検査, 56
ブラックボックス法, 136
プラットフォーマー, 3, 164
分岐網羅基準, 54
分布シフト, 146
文脈価値, 166
分類境界線, 92
分類問題, 10
妨害攻撃, 135
放射線実験, 10
母集団分布, 37
ホワイト・ノイズ, 100
ホワイトボックス検査, 56
ホワイトボックス法, 136

ま

マージン, 92
見逃し, 142
ミュータント, 60
ミュータント・モデル, 119
ミューテーション・テスティング, 60
ミューテーション法, 60

命令網羅基準, 54
メタモルフィック関係, 65
メタモルフィック・テスティング, 65
モデル契約, 158

や

要求工学, 149
要求文書, 87
要件定義, 149
予測齟齬, 140

ら

LiDAR センサー, 110
ラグランジアン, 93
ラグランジュ乗数, 93
乱択アルゴリズム, 74
ランダム・テスティング, 59
履行割合型, 159
両面市場, 3
例外系テスティング, 57
零和ゲーム, 108
ロバスト性, 30
ロバスト成分, 143
ロバスト半径, 31

中島　震（なかじま・しん）

情報・システム研究機構国立情報学研究所・教授．学術博士（東京大学）．

1979 年東京大学理学部物理学科卒業．1981 年東京大学大学院理学系研究科修士課程修了．2004 年より現職．2005 年より総合研究大学院大学複合科学研究科教授を併任．放送大学客員教授．著書に『SPIN モデル検査』（近代科学社・2008 年），『形式手法入門』（オーム社・2012 年），『ソフトエッジ』（丸善ライブラリー・2013 年）など．

ソフトウェア工学から学ぶ
機械学習の品質問題

令和 2 年 11 月 20 日　発　行

著作者　　中　島　　　震

発行者　　池　田　和　博

発行所　　丸善出版株式会社

〒101-0051 東京都千代田区神田神保町二丁目 17 番
編集：電話 (03) 3512-3266／FAX (03) 3512-3272
営業：電話 (03) 3512-3256／FAX (03) 3512-3270
https://www.maruzen-publishing.co.jp

組版印刷・大日本法令印刷株式会社／製本・株式会社 松岳社

ISBN 978-4-621-30573-7　C 3055　　　　　Printed in Japan